服装制作
基础事典

打版、缝制技巧全图解，做衣服一本就够!

郑淑玲 著

U0173789

河南科学技术出版社
·郑州·

前言

　　由于实践大学推广教育部门"服装设计系列之服装构成与制作"的课程需要,让我有机会将多年来的课程精华整理成册。感谢姜茂顺老师拨冗审订本书,并给予内容编辑与实务制作上的宝贵意见。也谢谢王心微老师耐心地从旁紧盯进度,并且不断鼓励,使得本书得以顺利完成。本人在此由衷地感谢!

　　本书的内容设计与安排皆偏重于针对没有服装打版与制作基础的入门者,书中每件作品的打版、制作皆采用渐进式的步骤解说,让初学者可以照着图文说明,一步步完成自己的作品。

　　能完成本书还要特别感谢同学们在绘图与样本制作上的协助,谢谢思豪、淑凡、菀珊、宥翔、宜静、漫姿、山料、秀君、余珊、爱玫、秉芳等同学,在繁重的课业之余还抽空帮忙,也谢谢担任模特儿的采芳和雨蓁,二位大方自然的展示为本书增色不少。

　　最后,感谢城邦麦浩斯出版的编辑团队——韵铃、家伟和美编意雯,能在有限的时间内让本书得以出版。希望这本书对所有刚接触并想了解服装打版与制作的读者,在基础概念与实际制作上能够有所帮助。

郑淑玲

　　郑淑玲老师所著《服装制作基础事典》,可让初学者经由书中的指点轻易上手,从服装打版至服装缝制技巧,每个细节都有清楚的图文对照说明,巨细靡遗,清楚易懂。郑老师在服装制作方面拥有将近20年的丰富的教学经验,这本书可说得上是一本不可多得的参考实典!

台北市政府劳工局职业训练中心 正训练师　姜茂顺 审订推荐

目录

3

Part 3
裙子打版与制作

Part 4
裤子打版与制作

Part 5
女上装打版与制作

Part 1
服装构成基础概念

A 做衣服的基本工具和材料
B 快速看懂纸型
C 量身方法
D 解构服装制作十大步骤

✚ 制图工具

直尺

测量长度或画直线时使用。

方格尺

材质透明，尺上有0.5cm的间距。长度一般有40cm、50cm和60cm，用来画直线或缝份平行线时使用。

皮尺

用来测量轮廓和弧度大的物体，或测量身围尺寸。单位有英寸（in）*及厘米（cm）。

L尺

具备直角尺和弯尺的作用，可用来绘制直线或顺修小弧线。

D弯尺

可用来绘制袖窿、领围线或胁边等大弧度线条。

云尺

又称曲线尺，打版型时使用，利用云尺上的各种弧度可绘制或测量领口、袖窿或领围等曲线。

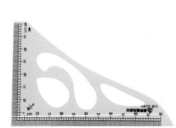

缩尺

绘制缩小比例的图形时使用，一般有1／4和1／5等规格，做笔记时常用到。

---

* 英寸（in）为非法定长度单位，考虑到行业习惯，本书保留。1in≈2.54cm。

铅笔

通常使用铅笔来制图，笔芯可选用 B 或 2 B。

剪纸剪刀

裁剪版型的剪刀，长度以 18cm 为宜。

制图用纸／描图纸／制图笔记本

打版绘制版型，可选用牛皮纸或白报纸；描绘纸型上的线条用透而挺的薄纸；方格纸则用于绘制缩小尺寸的款式图，选用 B4 大小的制图笔记本为佳。

口红胶／双面胶

纸型黏合或拼接时使用。

橡皮擦

用来清除错误的制图线条。

上衣原型版

上衣原型版是用于绘制背心、背心裙、衬衫、洋装和外套的基本版型，分为女装、男装和童装。

妇女原型版

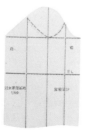

新式成人女子原型版

POINT | 上衣原型版有很多种不同的画法，以东方人体型而言，适合采用文化式原型版的画法。文化式原型版画法下，女装的画法又分为妇女原型版和新式成人女子原型版两种，因妇女原型版画法简单适合初学者，所以本书采用妇女原型版作为女上装基础版型。

✚ 缝纫小工具

单边压脚／隐形压脚

单边压脚分左、右单边两种，是车缝普通拉链时使用的。隐形压脚是车缝隐形拉链时使用的，车针位置在中央，两端有两个凹槽，车缝拉链时左边拉链对准左边凹槽，右边拉链对准右边凹槽，方便又简单。

整烫用垫布

主要作熨烫时保护表布之用，如毛织物或化学纤维等织物，若直接用熨斗熨烫容易造成布料损伤或发亮，此时便可使用坯布或布衬当垫布，避免熨烫时损伤表布。

棉线（疏缝线）

主要用于做线钉记号、假缝及实缝等。常见的棉线有白、红、蓝三种颜色，通常使用白棉线。使用时可用剪刀从中间剪开，绑成一束，之后从末端抽出即可。

车缝针

一般家用缝纫机因机种不同而有圆针和扁针之分，而工业用缝纫机通常为圆针。针号一般用9、11、14号，号码越大针越粗，薄布料用9号针，厚布料用14号针。

珠针与丝针

珠针用来暂时固定布料或版型，使布料缝制时不易脱落。丝针通常是立体裁剪或是试穿补正时使用，车缝时亦可用来固定缝份。

手缝针

手缝时所使用的针，号码越小针越粗，应配合布的厚度使用合适的针。

穿线器

用来穿针引线的工具，可借助它将线轻松穿过针孔。

手缝线

手缝时所使用的线，比车缝线粗且硬，手缝时不易打结。

车缝线

车缝时所使用的线，软而细，一般最常用的是80号车缝线，号码越大线越细。

粉片（粉土）

在布上描版型使用后，可用湿布或直接用手拍打消去痕迹。

顶针

顶针通常由金属、塑料或皮革制成。将其套在手指上使用，缝制时可加强手指力度，并达到保护手指的作用。

点线器

与布料专用复写纸一起使用，记号线分为点状和线状。使用时将布料反面朝上，复写纸置中，纸型置上，通过滚轮将纸型的轮廓复印于布料上。

布剪

用来裁剪布料的剪刀，为了保持锐利，应与其他用途的剪刀分开使用。

大小组螺丝刀

大螺丝刀是更换压脚时使用的工具，而小螺丝刀是换针的工具。

喷雾器

修整衣料或熨烫完工时使用，主要用于大面积喷水。优质的喷雾器喷出的雾气细而均匀，且不滴落水滴。

穿带器

将松紧带用穿带器夹住并扣紧，再穿入腰带、袖口、领口或裤口缝份内。

针包

通常由棉布缝制而成，可将手缝针、珠针、大头针等插放在上面。下方有松紧带可戴在手上，方便随时取用。

定规器

缝纫用的定规器具备磁铁，可吸附于缝纫机针板上，以便用更精确的尺寸进行车缝。

镇纸／大理石

裁布时压住纸型或布，使其稳定不致产生偏差。大理石亦有整烫后安定缝份和吸热的功能。

锥子

车缝时推压布料以方便车缝，也可用来辅助挑线、拆线、翻领子等。

线剪

用来裁剪缝线和剪断线头，以短小锐利为佳。

拆线器

拆除缝线时使用，可快速拆线。

✚ 缝纫设备

缝纫机的种类可分为家用缝纫机和工业用缝纫机，另外还有具备特殊缝制功能的专用缝纫机，如锁扣眼缝纫机、拷克机等。

家用缝纫机

一般家庭使用的缝纫机，构造简单，容易操作和保养，是目前最普遍的缝纫机。

工业用缝纫机

又称平车，使用了强力的发动机且具备高速回转的机械功能。

拷克机

主要是用于布边的拷克（锁边），可预防布边散边脱纱，也常用于接缝布料，一般搭配三线或四线拷克。

烫马

常用于熨烫肩部、袖窿、裤裆、臀部等需要有立体感且不能放平的部位，可选择硬度适中且板面圆润的烫马。常见的有馒头形烫马、袖烫马等。

熨斗

分为家庭用熨斗和职业用熨斗，通常服装制作多使用蒸汽电熨斗，这类电熨斗具有调温和喷雾功能，可让使用者根据布料的耐热性来调节熨烫温度，以免烫缩或烫焦。选择重量为1.7～2.5kg、热度400～600W的熨斗较为合适。

人台

服装设计、立体裁剪、试穿等过程中需要使用的人体模型。依据功能的不同有妇女用、儿童用、男子用等常见的种类。

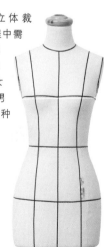

⊕ 材料

坯布 / 布料 / 布衬

坯布常用作检视样品的预裁布料，价位低、易取得、易标示，亦常用作裙腰、裤腰里布或口袋布；布料种类很多，适合初学者使用的布料为平织或斜纹棉麻布，舒适透气，平整易车，不易变形；布衬则分毛衬、麻衬、棉衬和化纤黏合衬（洋裁衬）等种类，一般成衣出于制作速度与便利性的考虑，多使用化纤黏合衬。

棉布

布衬

坯布

腰带衬

比一般布衬厚，通常用于裙腰和裤腰，以增加布料的硬挺度。

牵条

牵条一般是用化纤黏合衬（洋裁衬）制作的，最常见的有黑白两种，宽度1～1.5cm。

（裙钩图）

裙（裤）钩

一般裙（裤）钩以子钩和母钩为一对，用于拉链开口处的扣合。

纽扣

纽扣有装饰性与实用性之分，有各种颜色、材质、形状等。

包扣

一组包扣有一个裸扣和一个盖片，可用直径为裸扣直径两倍的小布片包住裸扣，再安上盖片。

松紧带

常见的松紧带多是黑白两色，有各种宽度可供选择。通常用于裙腰、裤腰、领口、袖口、裤管等地方。

松紧带丝

使用时需先卷绕在梭芯中再放入梭壳，如同下线。车缝时将布料正面朝上，车缝后会产生松紧度。常见的松紧带丝有黑白两色。

拉链

常见的拉链有普通拉链和隐形拉链，使用时可依照车缝部位选择适合的长度，并依据布料花色选择拉链的颜色。

⊕ 人体部位说明

B／BL	胸围Bust／胸围线Bust Line
UB	乳下围Under Bust
W／WL	腰围Waist／腰围线Waist Line
H／HL	臀围Hip／臀围线Hip Line
MH／MHL	中腰围（腹围）Middle Hip／中腰围线Middle Hip Line
EL	肘线Elbow Line
KL	膝线Knee Line
BP	乳尖点Bust Point
FNP／BNP	颈围前／后中心点Front／Back Neck Point
SNP	侧颈点Side Neck Point
SP	肩点Shoulder Point
AH	袖窿Arm Hole

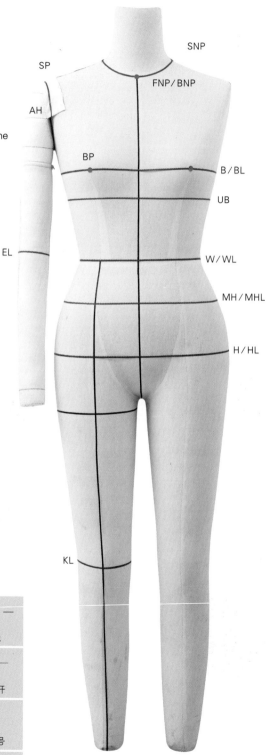

⊕ 制图符号

直角记号	直布纹记号	斜布纹记号	贴边线
箱褶记号	纸型合并记号	折双线	折叠剪开
伸烫记号	缩缝记号	缩烫记号	单褶记号
等分记号	顺毛方向	衬布线	重叠交叉记号

🌓 裙裤纸型说明

POINT | 纸型上F意为前片，B意为后片。

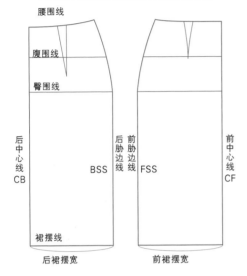

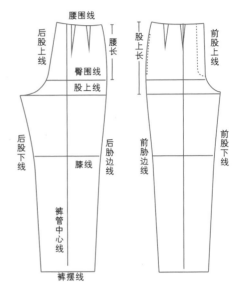

🌓 上衣纸型说明

POINT | 纸型上F意为前片，B意为后片。

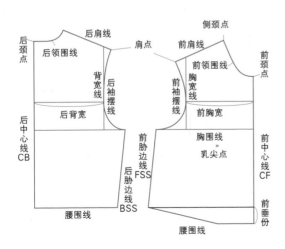

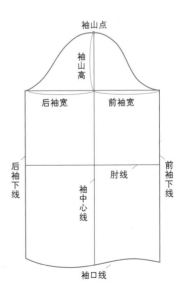

C 量身方法

精确量身要点

※量身前须准备腰围带（可用松紧带代替）、标示带、皮尺、记录本、铅笔等。

※受量者：为求量身精确，受量者应尽量穿着轻薄合身的服装，以自然姿势站好。

※量身者：量身者站立于受量者右斜前方为佳，并于量身前预估量身部位的顺序，在量身时也要注意观察受量者的体型特征。

※量身前先在受量者身上用腰围带标出位置，再用标示带点出前颈点、侧颈点、后颈点、肩点、乳尖点、前腋点、后腋点、肘点、手腕点和脚踝点等位置。

⊕ 周围量法

胸围

皮尺经过乳尖点，水平环绕胸围一圈，注意不可束紧测量。

POINT | 乳尖点(BP)：乳房最突出的点。

腰围

在束着腰围带的位置环绕一圈测量，也就是在人体躯干最细的部位围一圈。

中腰围（腹围）

在腰围线与臀围线中央的位置（约低于腰围线8～10cm）水平绕一圈。

上臂围

在上臂最粗的位置水平环绕一圈。

手臂根部围

经过肩端点、前后腋点，环绕手臂根部测量一圈。

手腕围

绕过手腕环绕量一圈的尺寸。

臀围
在臀部最凸出点水平环绕测量一圈。

POINT｜腹部突出或大腿部较粗的人，需酌量增加尺寸。

肘围
弯曲肘部，经过肘点处环绕一圈。

POINT｜肘点：肘关节的突起点，弯曲肘部时最突出的部位。

颈根部围
立起皮尺，经过颈后中心点、侧颈点至颈围前中心点测量一周。

POINT｜前颈点(FNP)：位于前颈部旁两锁骨中间凹陷的地方。
后颈点(BNP)：颈椎第七个突出部分，头部向前倾时会出现突起，可以观察和感知。

✛ 宽度量法

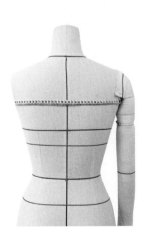

背宽
量背部左右两侧后腋点间的尺寸。

POINT｜手臂与后身交界处会产生纵向的皱纹，此处即为后腋点。

胸宽
量胸部左右两侧前腋点间的尺寸。

POINT｜手臂与前身交界处会产生纵向的皱纹，此处即为前腋点。

背肩宽

左右肩端点之间的宽度。量时须经过颈围后中心点。

POINT | 肩点(SP)： 从侧面看时，约在上臂宽度中点位置，比肩峰点稍偏向前方。此点同时也是衣袖缝合时袖山点的位置。

小肩宽

侧颈点量至肩点的宽度。

POINT | 侧颈点(SNP) 同时也是决定肩线的基点。侧颈点位于颈围线上，从侧面看，一般为颈根部宽度的中央稍靠后侧位置。由于此处没有骨头作为基准点，所以要先观察前后左右的对称点再确定。

✛ 长度量法

乳下垂

自侧颈点量至乳尖点的长度。

前长

将皮尺垂直自侧颈点经乳尖点量至腰围线。（经乳房下方时，用手轻压皮尺使之贴合身体。）

后长

自侧颈点经肩胛骨量至腰围线。

肩袖长

自颈围后中心点经过肩点，顺着自然下垂的手臂，量至手腕点。

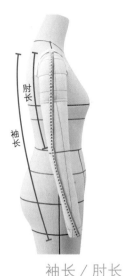

袖长／肘长

手略弯30°，自肩点量至手腕点的尺寸为袖长；自肩点至肘点则为肘长。

POINT｜手腕点：手腕骨的突起处，也是尺骨的最下端。

膝长

自腰围线量至膝盖骨中央的长度则为膝长。

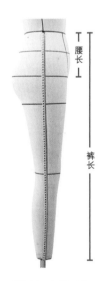

腰长／裤长

自侧面腰围线至臀围线的长度即腰长，自侧面腰围线经过膝盖量至脚的外踝点即裤长。

POINT｜外踝点：下肢腓骨最下端外侧的突出点。

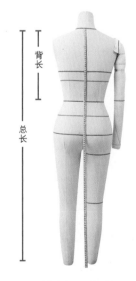

总长／背长

自颈围后中心点，垂直放下皮尺，并在腰围线上轻压，一直至地板的长度为总长；自颈围后中心点，至腰围线中央则为背长。

股上／股下

将尺水平放于胯下，腰围线到尺的垂直距离为股上；尺到脚趾的长度为股下。

POINT｜将臀沟略往上推，从大腿根部量至足踝的长度为股下；裤长减去股下的尺寸即为股上，股上量法为坐在椅子上，从侧边腰围线量至椅面的长度。

量身参考尺寸表

尺寸名称	中号（M）尺寸参考表 单位：cm
1. 胸围	82~84
2. 腰围	63~65
3. 腹围（中腰围）	84~86
4. 臀围	90~92
5. 颈根部围	35~37
6. 手臂根部围	36~38
7. 上臂围	26~28
8. 肘围	27~29
9. 手腕围	15~17
11. 背宽	33~34
12. 胸宽	32~33
13. 背肩宽	37~39
14. 小肩宽	12~13
15. 背长	36~38
16. 总长	134~136
17. 乳下垂	23~25
18. 腰长	18~20
19. 股上／股下	26~27 / 67~68
20. 肩袖长	70~72
21. 袖长	52~54
22. 肘长	28~30
23. 膝长	55~57
24. 裤长	93~95
25. 前长	42~43
26. 后长	40~41

D 解构服装制作十大步骤

服装制作流程可粗分为收集资料、确认款式、量身、打版、坯衣制作和修版、分版、排版裁布和做记号、烫衬、拷克、依序车缝等十个步骤。

---

step1 收集资料

根据制作需要，搜集、分析流行情报与市场资料，进行打版款式的分析与设计等。

step2 确认款式

确认所要打版的服装款式，绘制平面图，应包括衣服正、反两面，剪接线、装饰线、纽扣与口袋位置、领子、袖子等细节式样。绘制的尺寸比例应力求精确，有利于后续打版流程的顺利进行。

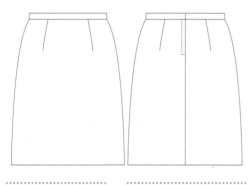

step3 量身

依照打版款式所需的各部位尺寸进行精确的量身工作。

step4 打版

根据平面图与量身所得尺寸，将设计款式绘制成平面样版；打版完的制图称为原始版或母版，应保留原始版以利之后版型的修正或检视。

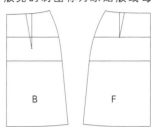

step5 坯衣制作和修版

正式制作前，先用坯布裁布，粗针（针距稍大）车缝试穿。坯衣试穿的目的是检视衣服的线条、宽松度及各部位的比例是否恰当，若发现有不理想的地方立即修正纸型。

裙子裁片检查

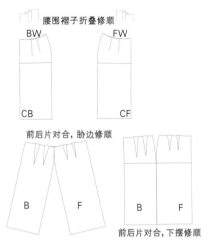

腰围褶子折叠修顺

BW　　　FW

CB　　　CF

前后片对合，胁边修顺

B　　　F

B F　　　B F

前后片对合，下摆修顺

裤子裁片检查

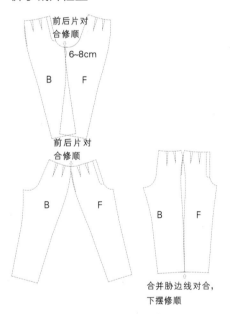

前后片对
合修顺

6~8cm

B　　　F

前后片对
合修顺

B　　　F

B　　　F

合并胁边线对合，
下摆修顺

上衣裁片检查

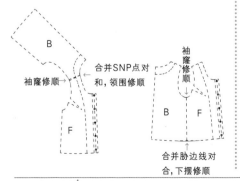

B

合并SNP点对
和，领围修顺

袖窿修顺

袖窿
修顺

B　　　F

F

合并胁边线对
合，下摆修顺

---

step6 分版

打版完成后要先分版，纸型
上要确认各分版的名称、
纸型布纹方向、裁片数、拉
链止点、褶子止点或对合记
号位置，以及各部位缝份尺
寸、拷克位置。

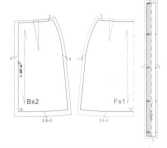

Bx2　　　Fx1

2.5~3　　　2.5~3

POINT｜有弧度的线条如腰线、袖窿和领围线缝份留1cm，直线
如肩线、胁边缝份可留1.5~2cm；下摆线则视款式决定尺寸，下摆
为直线的缝份留3~4cm，弧度大的下摆缝份留少些，1.5~2.5cm
即可。

---

step7 排版裁布和做记号

用布量计算

打版完成后要计算该款式的用布量，用布量依款式、体型
和布幅宽来计算，款式越宽松，长度越长，用布量就越
多，丰满的体型比瘦小的体型用布量多。一般购买布料的
通用单位是米（m）和尺*。

POINT｜买布时需要注意，单幅就是窄幅，布幅宽度较小；双幅
是宽幅，布幅宽度较大，所以在购买同一款式的布料时，单幅所需
的长度会比双幅长。
单幅（窄幅）：一般是指120cm以下的布幅宽。
双幅（宽幅）：一般是指150cm以上的布幅宽。

用布量试算｜例如一件臀围92cm，裙长60cm的A字裙用布量为：
单幅：（裙长+缝份）×2。因为布料幅宽不够将前后版型排在一起，所
以用布量是裙长与缝份的和的二倍，即（60cm +10cm）×2=140cm。
双幅：裙长+缝份。布料幅宽够宽，可以将前后片排在一起，所以用布
量只需要裙长加上缝份即可，即60cm +10cm=70cm。

分辨布料正反面

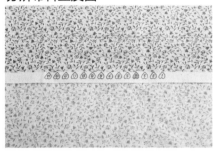

- 布料正面花纹配色比反面清晰美观，也较平滑，不会出现明显线结。
- 条纹织物正面比反面整齐匀称。
- 起毛织物以平整或起毛倒向一致的为正面。
- 提花织物以纹路配色匀整的为正面。
- 有文字边的织物，可以字体形状判断其正反面。
- 布头或布边织有商标的，多为正面。
- 绒毛类织物，以绒毛直立面为正面。
- 经过上胶加工或贴合加工的织物，有胶面或贴合面为反面。
- 大部分的斜纹布，如将经线以上下方向放置，正面的斜纹方向通常呈现由右上往左下的方向，斜纹明显的为正面。

布料缩水和整烫

在裁剪布料前，应视布料种类来做缩水和整烫处理。一般需要缩水的布料为棉麻织品，浸水后取出阴干即可，不可烘干或直接在大太阳底下晒干。

熨烫布料的温度	棉麻织品：高温熨烫，温度160～180℃。
	毛织品：可先用喷雾方式将布料喷湿，隔空熨烫温度为150～160℃。
	丝织品：直接干烫，无须缩水，温度130～140℃。
	人造纤维品：低温熨烫，温度120～130℃。

排版

- 排版时应注意对正纸型与布纹方向。
- 以节省布料为原则，先排大片纸型，再于空当处排入小片纸型。
- 画粉记号应标于布料反面，使用白色或浅色画粉为佳。
- 若布料上的图案有方向性，排版时须注意图案的连续性，不可将纸型倒置裁剪，另外应注意左右片对称。

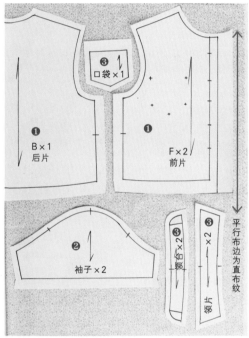

依序由大到小排列版型。

裁布

裁前应先用镇纸或珠针固定纸型和布，再依照记号线准确裁剪，避免歪斜而使上下两片产生误差。

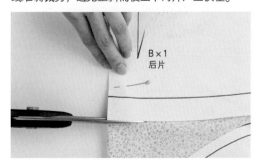

step8 烫衬

烫衬可增加布料的硬挺度并提高布料的耐用度，具有防止拉伸的定型功能；一般常见的有毛衬、麻衬、棉衬和化纤黏合衬(洋裁衬)，除化纤黏合衬须熨烫固定外，其余三种皆以手缝固定为主。通常用于领子、贴边、口袋口、拉链两侧、袖口布和外套的前衣身等。

衬的缝份留法

a.表布压装饰线的烫衬法

衬不留缝份，依纸型完成线裁剪即可。

b.表布不压装饰线的烫衬法

①厚布料：为减少完成后的缝份厚度，以完成线至完成线外0.3cm为衬的缝份。
②薄布料：缝份同表布裁片。

烫衬说明

a.温度

厚衬温度150~160℃，中等厚衬140~150℃，薄衬120~130℃。

b.时间

压烫时间依照厚度不同而有差异，一般为8~15秒。

c.压力

由上往下用力压烫，勿用滑动的方式熨烫。

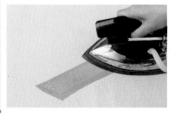

step9 拷克

拷克的目的是防止布料散边并保持裁边的完整性，方便车缝。通常拷克的位置为胁边线、剪接线、肩线和需手缝的下摆线，而腰围线、领围线和袖窿线则不需要拷克。

POINT｜腰围线的缝份会被腰带或贴边盖住，领围线的缝份会被领子或贴边缝住，袖子袖窿线的缝份则是先和衣身车缝后再一起拷克，以减少厚度，因此这些部位不需要拷克。

step10 依序车缝

车缝顺序因不同的款式设计而有所不同。本书每件作品于Preview一栏中都有缝制顺序提示。

Part 2
手缝、车缝、整烫技巧

A 手缝技法

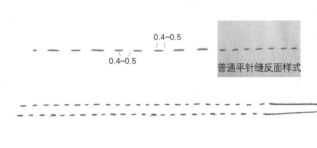

Step1将穿线器的细线圈穿入针孔内。　Step2将缝线放入穿线器的细线圈内。　Step3轻拉穿线器，使细线圈带动缝线从针孔内穿出。

必学手缝针法

平针缝

普通平针缝　正面与反面的针距长度均相同，一般针距为0.4～0.5cm，多应用于固定两片布。

0.4～0.5

0.4～0.5

普通平针缝反面样式

细针缩缝　于完成线外0.2和0.5cm处使用棉线细针（针距0.2～0.3cm）进行平针缝，此法常在袖山缩份和抽细褶时使用。

回针缝

全回针缝　于正面回缝一针再于反面以两倍的针距前进一针的缝法。针距为0.4～0.5cm，缝出的效果如同车缝，为手缝代替车缝的缝法。

4
3　1　2

全回针缝反面样式

半回针缝　缝一针回转半针的缝法，多应用于固定里布和表布。

3　4　1　2

半回针缝反面样式

星止缝　缝一针，回转一根纱线粗细的距离，是回针缝法的变化应用，多用于外套中固定表布、衬布及牵条。

3　1　2

星止缝反面样式

假缝

疏缝　车缝或手缝前为避免上下两片布无法准确对齐，可先将上下两布片以疏缝固定，疏缝时线应拉平，不可有缩紧或牵扯的情形，避免影响后续的缝制工作。

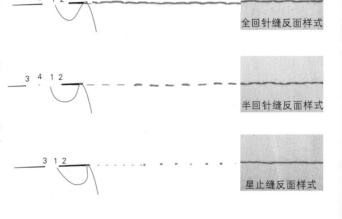

斜疏缝　缝线呈斜向，用于固定贴边或外套前襟等容易滑脱的布料。

2

3　1　0.5cm　2.5～3cm

剪线假缝（线钉）　线钉用在难以用粉片做记号的布料上，用两条棉线先疏缝，再剪开留下线钉，线钉长度为0.3～0.4cm。

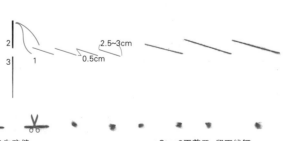

Step1先疏缝　　　　→Step2再剪开，留下线钉

斜针缝、直针缝、藏针缝通常用于没有拷克的衣摆、裙摆、裤口或袖口等,先将缝份折烫0.5cm,再折烫至完成线后手缝,而千鸟缝常用于拷克后的袖口、衣摆等。手缝时先以假缝固定布料,待手缝完成后,再将假缝线拆掉即可。

实缝

斜针缝 线路成斜线,用于领口、袖口、衣摆等折边。

step1先假缝　　→step2斜针缝　　→step3拆掉假缝线

0.1cm
0.5~1cm
0.5~0.6cm
3 1
2
完成线样式

直针缝 线路呈直线,常用于袖口、衣摆等折边或用于滚边反面的固定,缝完的线迹通常并不明显。

step1先假缝　　→step2直针缝　　→step3拆掉假缝线

0.5~1cm
2
3 1
完成线样式

藏针缝 布的表面看不见线,可用于袖口、衣摆的折边,也可用于将里布衣摆固定在表布衣摆处。

step1先假缝　　→step2藏针缝　　→step3拆掉假缝线,正面几乎看不见线

0.1~0.2cm
0.5~0.7cm
3 2
5 4 1
完成线样式

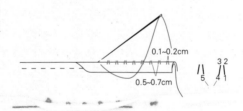

千鸟缝(交叉缝) 常用于拷克后的袖口、衣摆等,由于手缝时从表布反面所挑的布很少,因此表布正面几乎看不到缝线。
POINT | 此为手缝于布料反面的样式。

0.1~0.2cm
0.5~0.7cm
3 2
1 5 4

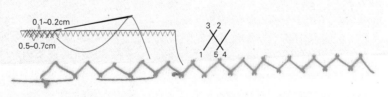

step1先假缝　　→step2千鸟缝　　→step3拆掉假缝线,正面几乎看不见线

纽扣手缝法

纽扣通常分为两孔、四孔和包扣三种。纽扣手缝法大致有三种。

不缝力扣的缝法

即一般纽扣的缝法,使用手缝线双线,每个孔需要缝两三次,以免脱落。

两孔扣的缝法很简单,就是左右缝两三次即可。四孔扣的缝法就有很多变化,如=、×、□形状。

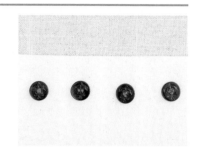

缝力扣的缝法

在布料反面对应正面纽扣的位置缝一颗小力扣(两孔的小纽扣),目的是加强正面大纽扣的支撑力;通常在外套或大衣布料较厚、纽扣较大时使用。

反面的小力扣

包扣做法

Step1 采用衣服的同色布或配色布来制作,布料直径为纽扣直径的两倍,若是布料有图案,将想要的图案置中裁剪。
Step2 在布料周围以细针缩缝法缝两条线。
Step3 拉两条线使布料缩起,将纽扣置于布料中间包起来,注意包扣正面周围不能产生褶皱。
Step4 底扣扣住布料。
Step5 完成。

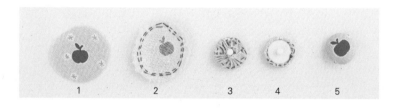

裙(裤)钩手缝法

裙(裤)钩由子钩和母钩组成,若开口为左盖右(重叠部分在右片),此时将子钩缝于左片布料往内0.5~0.7cm,母钩缝于右片布料往内0.5~0.7cm处。

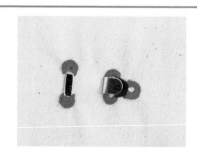

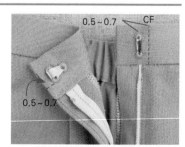

开口为裤身右片盖左片的缝法。

B 各部位车缝技巧

褶子

尖褶

1 尖褶裁片。

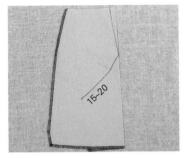

2 沿褶子的褶宽中心线对折，从褶尖车缝（不回针留线15~20cm）至腰线的缝份回针。

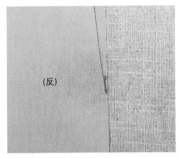

3 手缝针穿线（上一步所留），在褶尖打结，依车缝针脚再缝制二三针，以防脱落。

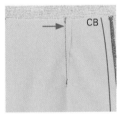

POINT | 薄布料和一般厚度的布料缝制完成后，缝份通常倒向中心。

POINT | 不易毛边的厚布料完成后，缝份沿中心线裁开烫平。

POINT | 易毛边的厚布料完成后，缝份折中烫平，再用星止缝固定。

单向褶

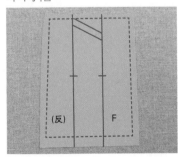

1 单向褶裁片。

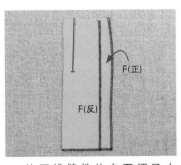

2 从腰线缝份处车至褶子止点。

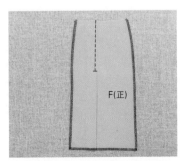

3 缝份依款式需要倒向左或倒向右整烫，再由正面车缝0.5cm装饰线固定。

双向褶（箱褶）

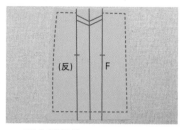

1 双向褶裁片。

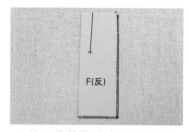

2 从腰线缝份处车至双向褶止点。

3 缝份倒向两边烫开。

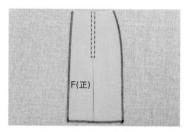

4 由正面车线处左右两侧车缝0.5cm装饰线固定缝份。

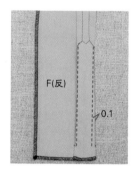

POINT｜可在反面止点下左右缝份处车缝0.1cm线至下摆，目的是加强褶子的稳定性。但仅适用于较挺的布料，柔软的布料不适合。

抽细褶

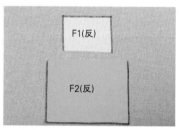

1 抽细褶裁片。

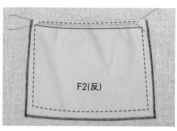

2 在欲抽细褶处的完成线外0.2和0.5cm处粗针（针距大）车缝两道线。

3 拉线使之产生褶皱（下线较松，比较好拉动），褶皱拉匀后用熨斗整烫，使缝份安定。
POINT｜对合上片，宽度要一致。

4 将下片与上片正面对正面车缝固定。

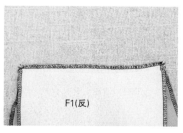

5 上下片缝份一起拷克。

6 缝份倒向上片（F1），压0.1～0.5cm装饰线固定缝份。

拉链

普通拉链（以拉链开在后中心为例）

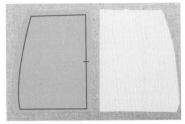

1 普通拉链裁片（后片2片）。

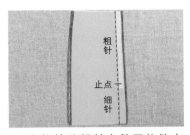

2 上拉链处粗针车缝至拉链止点，从止点至下摆细针车缝，头尾来回针加强固定。

3 将后中心缝份烫开。

4 车缝右侧拉链，右侧缝份依完成线折出0.3cm，沿拉链轨道边车缝0.1cm线。

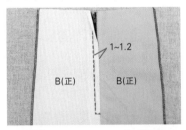

5 距离布边1～1.2cm假缝固定左侧拉链，再从腰线车缝至拉链止点回针（止点处回针三次加强）。

6 拆掉假缝线，完成。

隐形拉链（如拉链开在后中心，隐形拉链长度需比实际开口长2.5cm）

1 上拉链处粗针车缝至拉链止点，从止点至下摆细针车缝，头尾来回针加强固定，缝份烫开。

2 将隐形拉链正面对准后片反面的后中心线，将方格尺置于缝份下，再将拉链与缝份假缝0.5cm线固定。

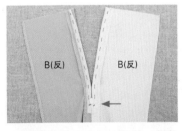

3 拆除拉链止点以上粗针，将拉链头拉至止点以下，使正面看不见拉链。

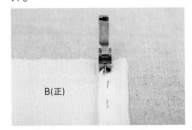

4 正面朝上，翻开缝份置于隐形压脚下，由上而下车缝两侧拉链至止点。

POINT | 车缝左侧拉链就对齐左侧压脚，车缝右侧拉链就对齐右侧压脚。

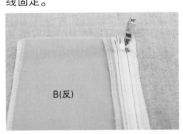

5 利用单边压脚，再将隐形拉链和缝份车缝0.5cm线加强固定。

6 完成。

前开拉链

1 前开拉链裁片（前片2片，持出布1片，贴边布1片）。

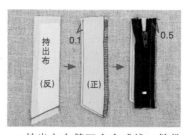

2 持出布车缝下方完成线，缝份修剪至0.5cm翻回正面整烫后压缝0.1cm线，再将拉链置于持出布上车缝0.5cm线固定。

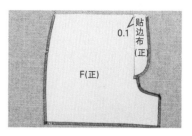

3 将贴边布缝份修剪0.2cm再与左前裤身车缝，并在贴边布上与缝份压缝0.1cm线。

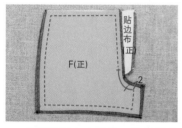

4 车缝裤子左右前片，从拉链止点至股下线上2cm处。
POINT｜不可车到贴边。

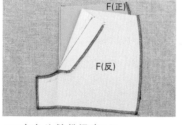

5 右身片缝份烫出0.3cm。

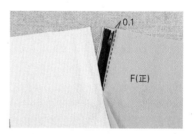

6 右身片与持出布拉链车缝0.1cm线。

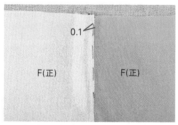

7 左身片与右身片假缝0.1cm线固定前中心开口。

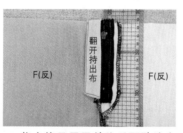

8 将方格尺置于前片反面贴边布缝份下，将贴边布与拉链假缝后车缝0.5cm线固定。

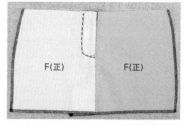

9 如图，在左身片正面距前中心开口3～3.5cm处（对应贴边布位置）压缝装饰线，拆除前中心开口的假缝线即完成。

下摆缝份处理

二折三层车缝

1 下摆缝份一般采用二折三层车缝，即先将缝份折0.5～1cm，再折烫至完成线后车缝。

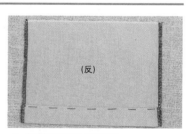

2 假缝后再车缝即可。
POINT｜手缝也可处理下摆缝份。拷克后的通常采用千鸟缝，没有拷克的通常采用二折三层后的直针缝、斜针缝和藏针缝。

腰带

松紧带腰带

如何使用穿带器？

将穿带器打开夹住松紧带。

再将环扣往下拉，扣住松紧带。记得要扣紧松紧带，否则在穿入裙（裤）腰时松紧带容易松开。

1 裁片（腰带1片）。

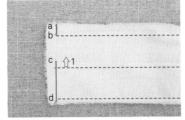

2 腰带长度对折，如图车缝a点到b点（里腰带缝份），c点到d点（即表腰带宽度加缝份）。b点到c点为穿松紧带的宽度，无须车缝。

3 缝份烫开。

4 将a点到b点（里腰带缝份）向内折烫，再对折烫。

5 将表腰带缝份对齐裙子腰围线WL，正面对正面，车缝完成线。

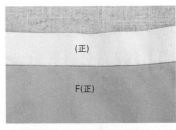

6 腰带折入，假缝固定缝份，再从正面落机车缝。

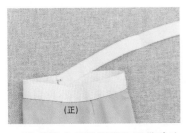

7 穿带器夹住松紧带从腰带胁边的孔洞（b点到c点）穿入。

8 绕一圈后再从同一孔洞穿出来。

9 松紧带两端平放交叠1cm，距端头0.5cm车缝三次。

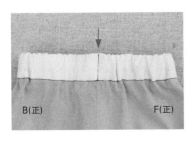

10 将松紧带左右拉平，使松紧带自然均匀，再从胁边正面落机车缝固定松紧带，避免松紧带扭转不平，完成。

中腰腰带

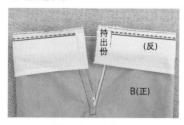

1 腰带布贴衬，没有贴衬的一端折烫0.7~0.8cm，再对折烫；接着将腰带布与裙腰正面相对，对合后中心线、胁边线、前中心线，车缝完成线外0.1cm。

POINT｜车缝完成线外0.1cm为腰带布往上翻起时衬的厚度。

2 将腰带布往上翻起再如图反折（反折后仍然是反面朝外），后中心左右车缝I形和L形（持出份），修剪转角处缝份后再翻至正面。

3 将腰带内部缝份假缝固定，再从正面沿着腰带下线落机车缝以固定（压住）反面缝份。

POINT｜注意拉链拉上后，腰带左右两端应齐平，即高度一致。

低腰腰带

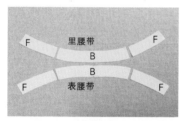

1 裁片（表腰带3片，里腰带3片）。

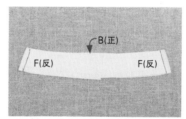

2 里腰带、表腰带皆前后片胁边车缝，缝份烫开。

3 里腰带上方缝份修0.2cm，下方缝份往上折烫约0.8cm。

POINT｜视布料厚薄决定往上折烫的宽度。

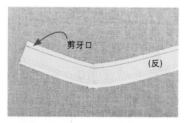

4 表、里腰带正面相对，车缝里腰带完成线，接着剪牙口、烫开缝份，翻回正面。

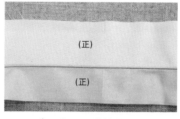

POINT｜可在里腰带缝份上车0.1cm线。

5 将腰带布与裤腰正面相对，对合前中心线CF、后中心线CB、胁边线SS和持出份，车缝腰围完成线。

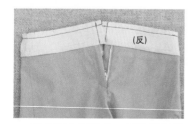

6 往上翻起腰带布，再将里腰带如图反折（反折后仍然是反面朝外），前中心左右车缝I形，修剪转角处缝份后再翻至正面。

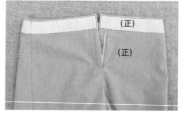

7 假缝固定腰围缝份，再从正面压缝0.1cm装饰线。

8 完成。

口袋

剪接式斜口袋

1 裁片（口袋布A 1片，口袋布B 1片）。

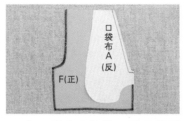

2 将口袋布A的袋口缝份修剪0.2cm，与前片口袋正面相对，缝份对齐，车缝完成线。

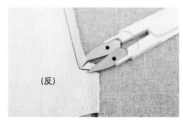

3 口袋止点剪牙口，缝份烫开。

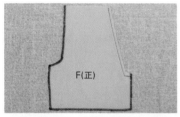

4 车缝0.1cm装饰线后，将口袋布A翻至反面，从正面压缝0.5cm装饰线。

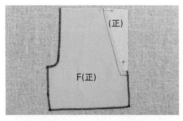

5 将口袋布B正面对合前片口袋口位置，用珠针固定袋口上下位置。

6 前片翻起，将口袋布A、B车缝0.5cm线固定后再拷克。

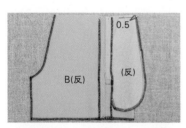

7 将前片、口袋布A、口袋布B三层缝份车缝0.5cm线固定，完成后即可缝合后片。

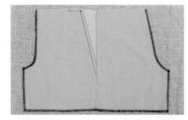

8 完成。

胁口袋

1 裁片（口袋布 A 1片，口袋布 B 1片）。

2 将口袋布 A 缝份修剪 0.2cm，置于前片口袋口位置，对合后车缝前片胁边缝份的 1/2 宽。

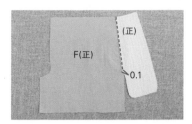

3 将口袋布 A 倒向缝份，压缝 0.1cm 线。

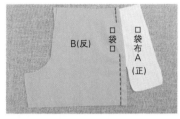

4 后片与前片正面相对、胁边对合，车缝袋口位置上下的完成线。

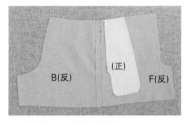

5 前后片胁边缝份烫开。

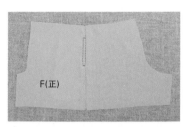

6 于前片正面，将前片与口袋布 A 在袋口处车缝 0.5cm 装饰线。

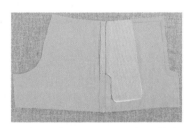

7 将口袋布 B 正面对合口袋布 A，车缝口袋布 B 与后片胁边完成线。

POINT｜小心勿车缝到口袋布 A。

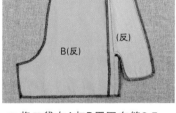

8 将口袋布 A 与 B 周围车缝 0.5cm 线，再拷克。

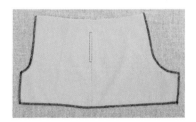

9 完成。

贴式口袋

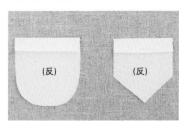

1 裁片口袋口贴衬。先将缝份折 0.5cm，再折向完成线车缝。

POINT｜布料较厚时，可直接拷克后车缝。

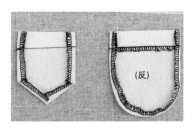

2 尖角贴式口袋将缝份烫入；弧形边贴式口袋将圆角处烫缩。

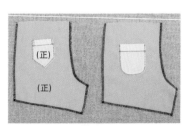

3 假缝至预放口袋的裤片上，然后车缝口袋周围。

单滚边口袋

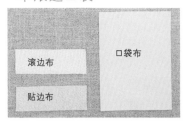

1 裁片（滚边布1片，贴边布1片，口袋布1片）。

2 将滚边布折烫出滚边完成宽线并将完成线置于口袋口下线车缝，车缝长度为口袋口长。

3 将滚边布缝份往下折烫，再将贴边布置于滚边布上方、口袋口上线位置，车缝完成线1cm，缝份往上折烫。

POINT｜两条平行车缝线的宽度即单滚边的宽度。

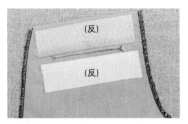

4 剪Y形，再从剪开处将滚边布与贴边布翻至反面。

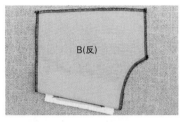

5 假缝袋口，再掀起表布，将缝份与滚边布车缝固定。

POINT｜不能车缝到贴边布。

6 车缝袋口两侧三角布，来回车三次。

7 滚边布与口袋布正面相对车缝完成线，口袋布翻到正面，缝份倒向口袋布，在口袋布与缝份上车缝0.1cm线。

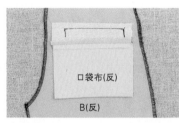

8 将口袋布下方拉起，与贴边布车缝，缝份烫开。

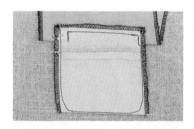

9 口袋两边缝合，车缝0.5cm线，再将三边缝份一起拷克固定。

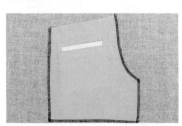

10 拆除假缝线，口袋完成。

袖开口

标准式袖开口

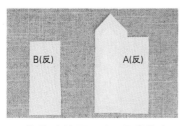

1 裁片（袖开口A、B裁片各1片）。

2 袖开口布A、B置于袖身上，车缝袖开口位置。

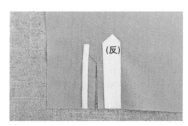

3 缝份烫开剪Y形。

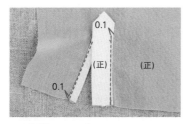

4 车缝0.1cm线。

5 三角布往上烫。

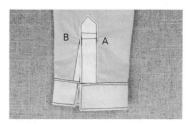

6 以A盖B，压缝装饰线。完成（图为加上袖口布后的效果）。

贴边式袖开口

1 裁片（袖开口贴边布1片）。

2 将贴边布置于袖开口位置，正面对正面车缝，宽度为0.5cm，长度为袖开口长度。

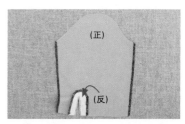

3 从车缝位置中间剪开至上端顶点，若上端车缝的是圆弧，则往旁边剪两刀牙口，避免表面产生褶皱。

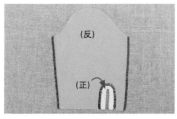

4 将贴边布翻至袖子反面整烫。

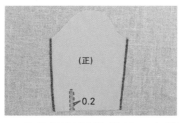

5 从袖子正面沿袖开口车缝0.2cm装饰线。

6 完成（图为加上袖口布后的效果）。

滚边式袖开口

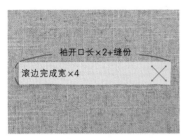

袖开口长×2+缝份

滚边完成宽×4

1 裁片（滚边布1条，长＝袖开口长×2+缝份，宽＝滚边完成宽×4）。

2 先将滚边布对折整烫，再从两边对准中间折叠，然后再对折，如此等分为四等份（一等份即为滚边完成宽）。接着将折双的部位向内，开口向外烫拔。

3 按所需尺寸剪出袖开口。

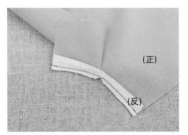

4 将滚边布置于袖开口的正面，车缝一等份的滚边宽。

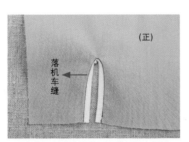

5 修剪缝份，使其比滚边完成宽小0.1～0.2cm，滚边布将缝份包住，假缝固定，落机车缝。
POINT│反面缝份要超出完成线0.2cm，正面落机车缝时才能固定（压住）反面缝份。

6 袖开口背面，将滚边布折双，开口尖端处车缝45°角线三次。

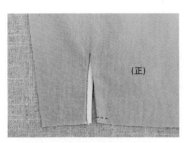

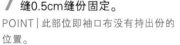

7 将开口右边的滚边布折入，车缝0.5cm缝份固定。
POINT│此部位即袖口布没有持出份的位置。

8 完成（图为加上袖口布后的效果）。

无领无袖缝份处理

外滚式滚边

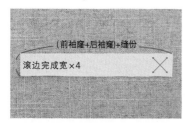

1 裁片（滚边布1条，长=前袖窿+后袖窿+缝份，宽=滚边完成宽×4）。

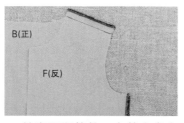

2 袖窿不留缝份，车缝衣身肩线。

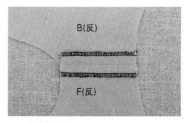

3 缝份烫开。

4 参见P37步骤2，将滚边布折烫四等份（两等份是完成宽度的两倍，两等份是缝份）。滚边布烫拔（开口朝外，折双对内）。

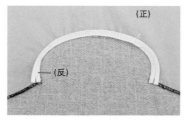

5 滚边布正面相对置于袖窿部位车缝，完成宽度0.5~0.7cm（滚边宽，步骤4的一等份）。

6 前后片正面相对，车缝胁边完成线，缝份烫开。

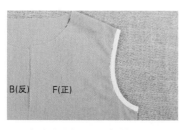

7 滚边布翻至反面假缝，正面的滚边布即完成宽度，再落机车缝固定反面缝份。

8 完成。

内滚式滚边

1 裁片。

（前袖窿+后袖窿）+缝份
滚边完成宽×3

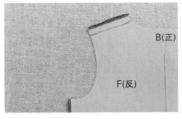

2 车缝衣身肩线，缝份烫开。

B(正)
F(反)

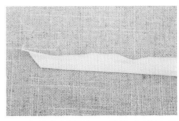

3 滚边布折烫为三等份（两等份是缝份，一等份是完成宽）。

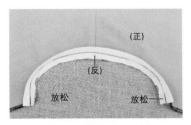

4 滚边布正面相对置于袖窿部位，车缝完成线。

POINT | 滚边布于袖窿弯曲处稍微放松车缝。

POINT | 弯曲处剪牙口，修缝份（缝份比滚边完成宽小0.2cm）。

（正）
（反）
放松　　放松

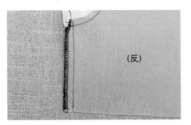

5 前后片正面相对，自滚边布车缝胁边完成线至下摆，缝份烫开。

（反）

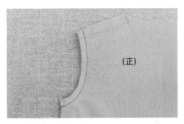

6 将滚边布翻至反面假缝。袖窿正面车缝装饰线，注意须将反面滚边布车缝住，完成。

POINT | 将滚边布往内烫，自正面看不到滚边布。

（正）

无领贴边式缝制

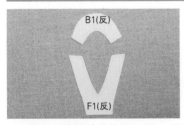

1 裁片（前领贴边布F1 1片、后领贴边布B1 1片）。

B1(反)
F1(反)

2 车缝贴边布肩线并将缝份烫开。

B1(反)
F1(正)

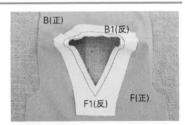

3 贴边布领围缝份修0.2cm，反面朝上置于衣身正面上，对合CB、SS、CF，车缝贴边布完成线。

B(正)
B1(反)
F1(反)　F(正)

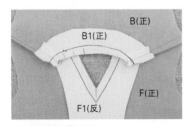

4 修缝份剪牙口。

POINT | 前面V领剪一刀至尖点，后领围剪数刀。

B(正)
B1(正)
F1(反)　F(正)

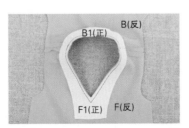

5 贴边布翻至反面，从正面压缝0.5cm装饰线。

POINT | 自正面看不到贴边布。

B(反)
B1(正)
F1(正)　F(反)

6 完成。

有领台衬衫领

1 裁片（领片2片，领台2片）。

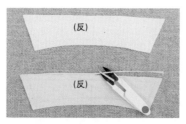

2 里领片缝份修剪0.2cm。

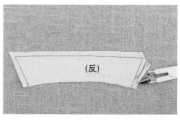

3 表领片与里领片正面相对车缝里领片完成线，修缝份。

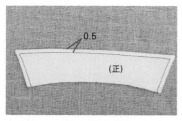

4 翻至正面，挑出领子尖角，从表领片正面压缝0.5cm装饰线。

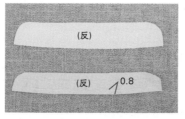

5 里领台缝份往上折烫0.8cm。
POINT｜视布料厚度决定往上折烫的宽度。

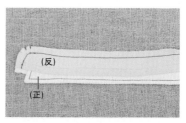

6 如图，里领台置于表领片上，表领台置于里领片下，反面朝外，对合CF、CF(右)、CF(左)，车缝完成线。

7 表领台置于衣身上，对合CF、CB、CF（正面相对），车缝完成线，剪牙口修缝份，缝份往上倒。

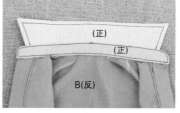

8 里领台盖住表领台，假缝后，自表领台后中心车缝0.1cm装饰线。

9 完成。

前片开襟

半开襟

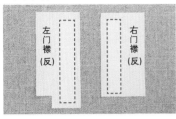

1 裁片（左门襟1片，右门襟1片）。

2 整烫门襟缝份。

3 如图，将门襟布置于前片正面，车缝左右片完成线（门襟宽）至门襟止点。缝份烫开，剪Y字形。

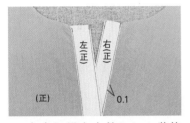

4 左右门襟布车缝0.1cm装饰线，固定反面缝份。

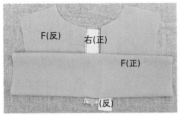
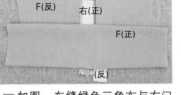

5 如图，车缝绿色三角布与右门襟布。

POINT | 不要车缝到左门襟。

6 将左门襟布盖住右门襟布，压缝装饰线。完成。

全开襟

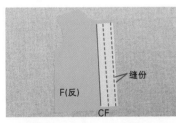

1 裁片（2片前片均各与贴边布连裁成1片）。

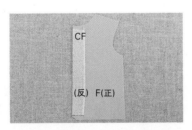

2 贴边布依中心线CF往前片正面反折（反折后贴边布仍然反面朝上），车缝下摆完成线，修剪转角处缝份后再翻至正面。

3 无须压装饰线的1片前片，整烫后车缝下摆。

4 另1片前片如图压装饰线，完成。

接袖部分缝制

方法 1

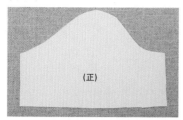

1 裁片（袖子1片）。

2 完成线外0.2、0.5cm处粗针车缝两道线。拉两条下线，使之产生立体感（袖山的长度与袖窿相同）。

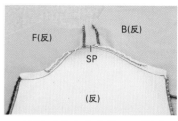

3 袖子对合衣身肩线，正面对正面，车缝完成线。

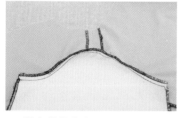

4 袖窿缝份拷克。

5 自袖下线车缝至衣身下摆线。

6 完成。

方法2

1 完成线外0.2、0.5cm处粗针车缝两道线。

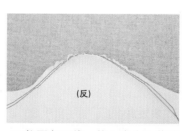

2 拉两条下线，使之产生立体感（袖山的长度与袖窿相同）。

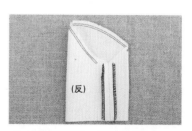

3 车缝袖下线，缝份烫开。

4 车缝衣身肩线和胁边，缝份烫开。

5 袖子与衣身对合肩线与胁边线（正面相对），车缝完成线。

6 完成。

袖口布缝制

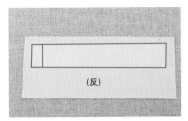

1 裁片（袖口布1片）。

2 袖口布没有贴衬的一边缝份折烫约0.8cm，再对折烫。

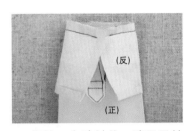

3 将袖口布贴衬的一端置于袖口，正面对正面，车缝完成线。

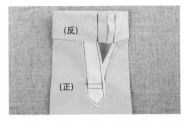

4 袖口布往上翻，再如图反折（反折后仍然是反面朝外），在与袖开口对应的袖口布两端车缝I形，修剪转角处缝份后再翻至正面。

5 假缝固定反面缝份，从正面车缝0.1cm装饰线，完成。

过肩（YOKE）布缝制

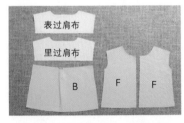

1 裁片（过肩布2片、前片2片、后片1片）。

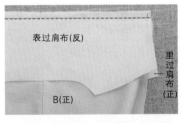

2 表过肩布正面朝下置于后片正面上，里过肩布正面朝上置于后片反面下方，对合完成线车缝（表、里过肩布反面朝外夹住后片车缝）。

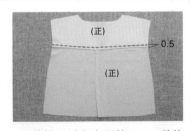

3 整烫后过肩布压缝0.5cm装饰线。

POINT｜表、里过肩布一起压缝。

4 表过肩布正面与前片正面对合完成线车缝，缝份倒向过肩布整烫；里过肩布折烫缝份，缝份要超出完成线0.2cm。

POINT｜因为正面落机车缝要压住反面缝份，所以缝份需超出完成线一些。

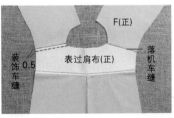

5 从正面落机车缝后，再从过肩布正面压0.5cm装饰线。

C 整烫技巧

整烫时须把握基本原则: 每一条车线都须经过整烫才会平整, 熨烫时先烫反面缝份, 使缝份安定后再隔着烫布烫正面, 车缝线才会平整。以下介绍几种常在缝制过程中使用的基本整烫技巧。

褶子整烫

整烫时将褶子放在馒头形烫马上进行整烫, 先烫反面再烫正面。

a 尖褶1——褶子倒向中心线。适合薄布料、一般布料。

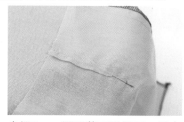

尖褶2——褶子剪开后烫开。适合不易毛边的厚布料。

尖褶3——褶子折中整烫后星止缝。适合容易毛边的厚布料。

b 单褶——缝份单边倒后, 在缝份边压装饰线固定。

c 箱褶——折中整烫后, 左右压装饰线固定缝份。

d 细褶——将细褶抽皱, 用熨斗压烫缝份处, 另一手拉住下摆, 使细褶顺直美观。

缝份烫开   ## 下摆烫缩

通常胁边和肩线的缝份要烫开。

左手抓起一小段布料压住熨斗往右推烫, 下摆弧度越大, 缩份越多。例如波浪裙或圆裙。

滚边布烫拔

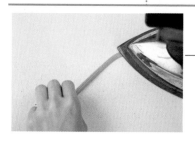

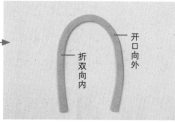

无领无袖的背心或背心裙, 缝份处理若是采用外滚式滚边(衣服表面看得见滚边布)时, 先将滚边布折烫滚边完成宽, 将折双的部位向内、开口向外烫拔。

44

Part 3
裙子打版与制作

NO.1

基本型

碎褶裙

Preview

1. 确认款式
碎褶裙。

2. 量身
腰围、臀围、腰长、裙长。

3. 打版
前片、后片、腰带。

4. 补正纸型
前后片胁边腰围对合修正；前后片胁边下摆对合修正。

5. 整布
使经纬纱垂直，整烫布面。

6. 排版
布面折双排前后片，再排腰带。

7. 裁剪
前后裙折双各1片、腰带1片。

8. 做记号
在完成线上用粉片做记号或做线钉（腰围线、前后中心线、胁边线、下摆线）。

9. 拷克机缝
前后片胁边。

● 缝制顺序提示

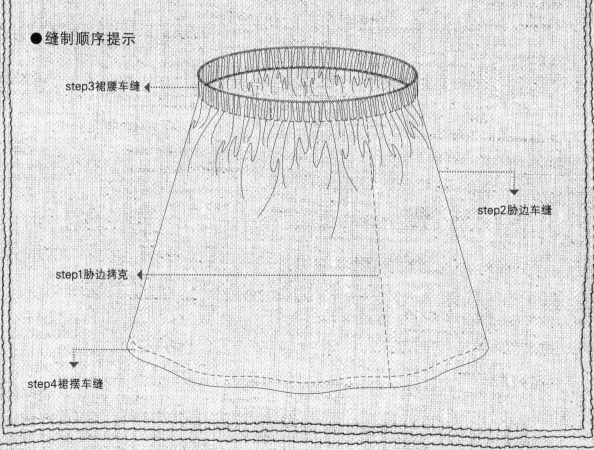

step3裙腰车缝 ◄

step2胁边车缝

step1胁边拷克 ◄

step4裙摆车缝

A 版型制作 step by step

●碎褶裙款式尺寸

基本尺寸（cm）
中号（M）尺寸参考
W（腰围）：64
H（臀围）：92
HL~WL（腰长）：19
SL（裙长）：60

版型重点
1.中腰松紧带
2.裙摆宽大

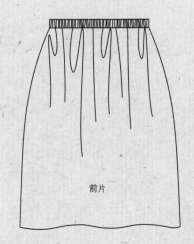

前片

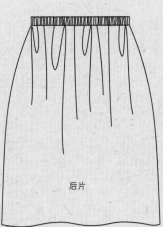

后片

●完整制图版型

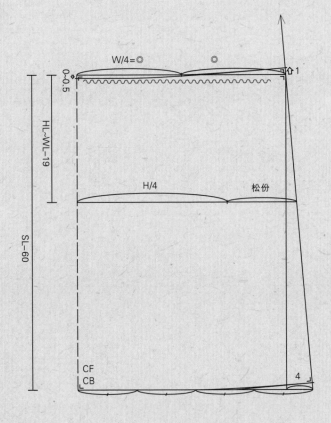

W/4=◎　　◎　　⤒1
0~0.5
HL~WL-19
H/4　　松份
SL-60
CF
CB
4

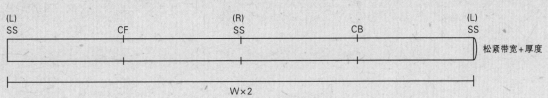

(L)　　　　　　　(R)　　　　　　(L)
SS　　CF　　SS　　CB　　SS
松紧带宽+厚度
W×2

●版型制图步骤

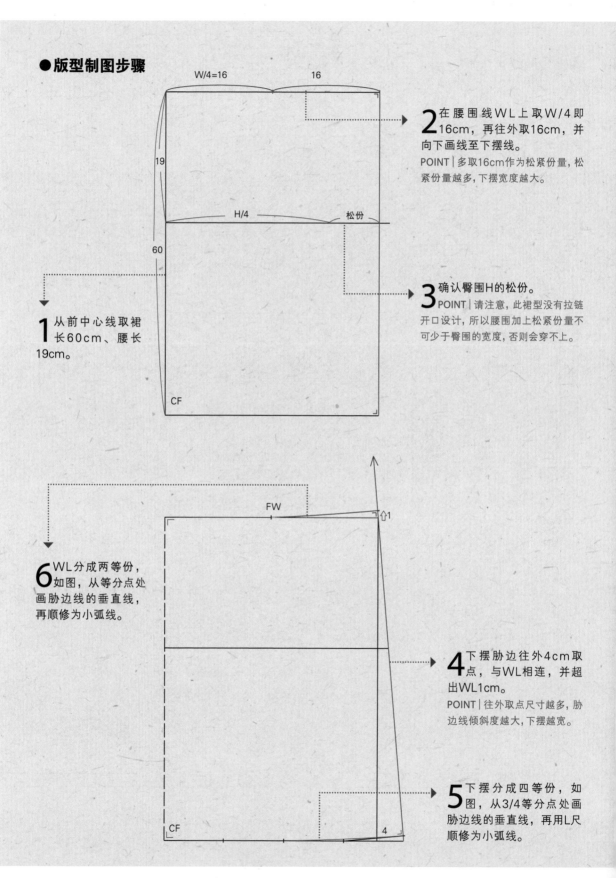

2 在腰围线 WL 上取 W/4 即 16cm，再往外取16cm，并向下画线至下摆线。
POINT｜多取16cm作为松紧份量，松紧份量越多，下摆宽度越大。

3 确认臀围H的松份。
POINT｜请注意，此裙型没有拉链开口设计，所以腰围加上松紧份量不可少于臀围的宽度，否则会穿不上。

1 从前中心线取裙长60cm、腰长19cm。

6 WL分成两等份，如图，从等分点处画胁边线的垂直线，再顺修为小弧线。

4 下摆胁边往外4cm取点，与WL相连，并超出WL1cm。
POINT｜往外取点尺寸越多，胁边线倾斜度越大，下摆越宽。

5 下摆分成四等份，如图，从3/4等分点处画胁边线的垂直线，再用L尺顺修为小弧线。

7 后片复制前片版型，后中心腰围线往下
0.5cm，修顺腰围线即完成。

BW

0~0.5

CB

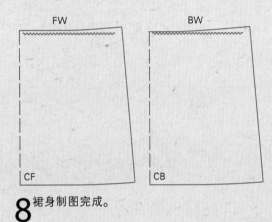

FW   BW

CF   CB

8 裙身制图完成。

● 裁片缝份说明

☐ 衬布份   ☐ 实版
☐ 缝份版   -- 折双线
| 直布纹线   ✕ 斜布纹线

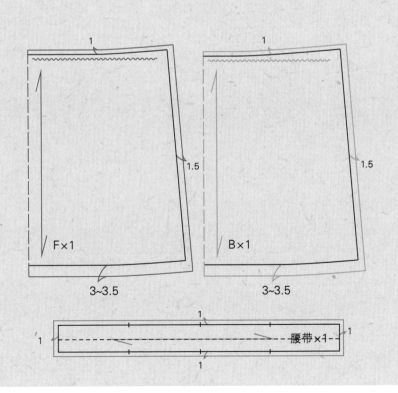

1   1

1.5   1.5

F×1   B×1

3~3.5   3~3.5

1   1
1   ----腰带×1----   1
1

B 缝制How to make

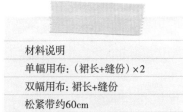

材料说明

单幅用布：（裙长+缝份）×2

双幅用布：裙长+缝份

松紧带约60cm

F（反）

B（反）

1 前后片胁边拷克、下摆拷克（下摆也可不拷克）。

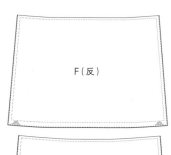

F（反）

B（反）

2 前后片胁边下摆弧度处烫缩。

POINT｜烫缩的目的是使下摆往上烫完成线时，不会产生多余的松份。

F（反）

B（反）

3 前后片下摆缝份往上折烫至完成线。

POINT｜折烫缝份有利于后续车缝。

B（正）

F（反）

4 前后片正面相对，对合胁边线记号，由上至下车缝完成线至下摆缝份处。

F（反）   B（反）

5 胁边缝份烫开。

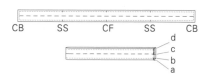

CB   SS   CF   SS   CB

d
c
b
a

6 将腰带长度对折，车缝a点到b点、c点到d点。

POINT｜b点到c点即放松紧带的地方，所以不车缝。

7 缝份烫开。

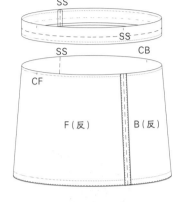

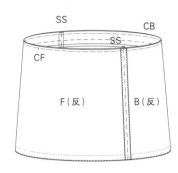

8 再将腰带对折（宽度对折）熨烫。

9 腰带对合裙腰各处记号（CB、CF、SS），正面相对车缝完成线。

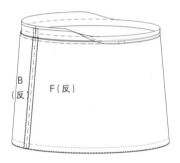

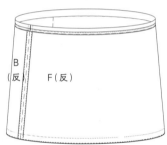

10 从腰带正面落机车缝，固定（压住）腰带反面缝份。

11 使用穿带器夹住松紧带，从腰带胁边的孔洞（b点到c点）穿入，绕一圈后再从同一孔洞穿出来。

POINT｜松紧带长为（W尺寸减1~2英寸）。

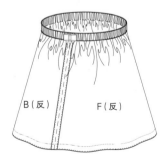

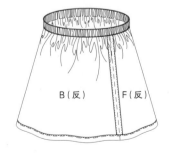

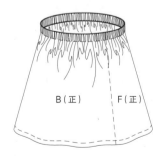

12 将松紧带两端重叠1cm，距端头0.5cm车缝三次加强固定。

13 车缝下摆缝份。
POINT｜若下摆未拷克，也可二折三层车缝。

14 将松紧带平均分布于前后片，再从腰带胁边正面落机车缝固定松紧带以防扭转。

NO.2

阶层裙

Preview

1.确认款式
阶层裙。

2.量身
腰围、臀围、腰长、裙长。

3.打版
前片、后片。

4.补正纸型
确认腰围线和前后中心线垂直、下摆线和前后中心线垂直。

5.整布
使经纬纱垂直，整烫布面。

6.排版
布面折双排前后上下片。

7.裁剪
前后裙上片折双各1片、前后裙下片折双各1片。

8.做记号
在完成线上用粉片做记号或做线钉（腰围线、前后中心线、胁边线、下摆线）。

9.拷克机缝
前后上下片胁边。

●缝制顺序提示

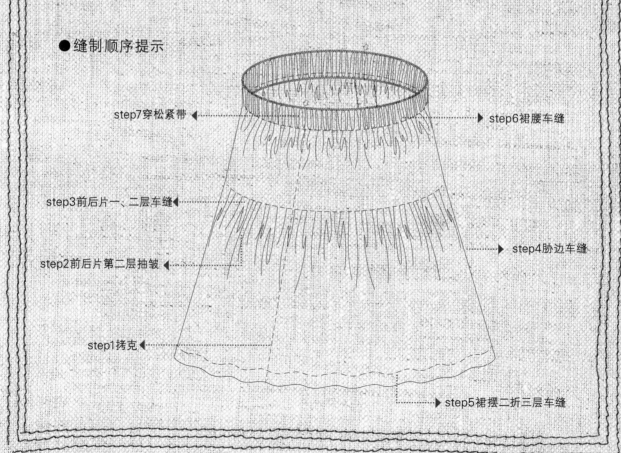

step7穿松紧带 ◄┈┈┈┈┈┈

step6裙腰车缝 ◄

step3前后片一、二层车缝◄┈┈┈

step4胁边车缝 ►

step2前后片第二层抽皱 ◄┈┈┈

step1拷克 ◄┈┈┈

step5裙摆二折三层车缝 ►

A 版型制作 step by step

● 阶层裙款式尺寸

基本尺寸(cm)
中号(M)尺寸参考
W(腰围):64
H(臀围):92
HL~WL(腰长):19
SL(裙长):40

版型重点
1.上片松紧带
2.下片抽细褶

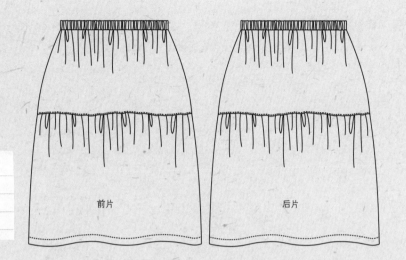

前片　　　　　　后片

● 完整制图版型

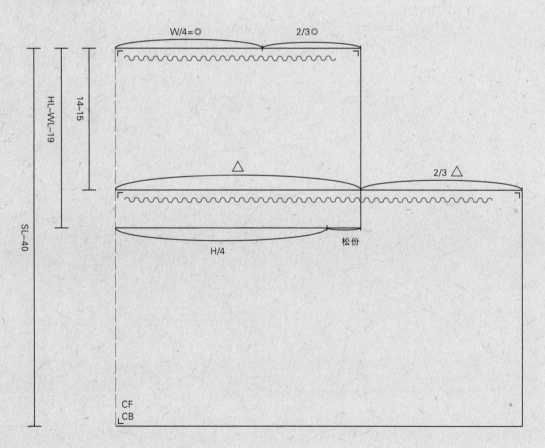

●版型制图步骤

1 裙长40cm，腰长19cm；在后中心线上由上往下取14cm为阶层裙的剪接线。

POINT│阶层裙通常上层短，下层长，比例上较为美观。

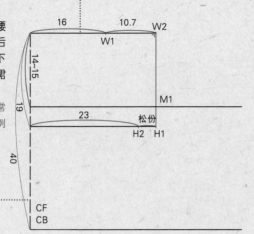

2 在腰围线上取W/4即16cm，再往外取16cm的2/3长度即10.7cm。

POINT│W1至W2为腰围的松紧份量，H1至H2为臀围松份。松紧份量越大，裙子越蓬大。但是请注意，此裙型没有拉链开口设计，所以腰围加上松紧份量不可少于臀围的宽度，否则会穿不下。

3 后中心至M1长度为△=26.7cm，再往外取2/3△=17.8cm，往下画线至下摆线。

POINT│2/3△为阶层裙的细褶份，此份量越多，抽皱的份量就越多，裙子会比较蓬大。

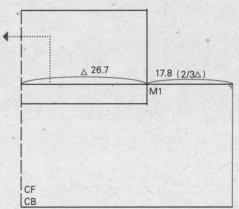

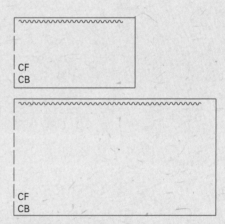

4 用有色笔标画后片的上片与下片。前片版型与后片相同。

●裁片缝份说明

- ☐ 衬布份
- ☐ 实版
- ☑ 缝份版
- -- 折双线
- ∣ 直布纹线
- ✕ 斜布纹线

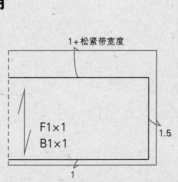

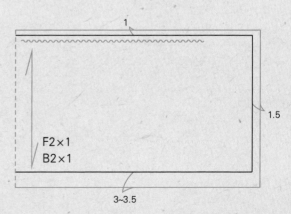

B 缝制 How to make

材料说明
单幅用布：（裙长+缝份）×2
双幅用布：裙长+缝份
松紧带约60cm

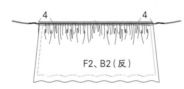

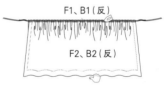

1 前后裁片先拷克胁边。在F2、B1的上端完成线外0.2和0.5cm处粗针车缝两道线。

POINT｜注意这两道线不回针，也不能交叠，否则不易抽细褶。

2 拉两条粗针车缝的下线，使之产生细褶，抽细褶后的完成宽要与B1同宽。

POINT｜抽细褶要均匀，左右胁边4cm不抽细褶，因为胁边缝份交叠后本来就有厚度，再拉褶会更厚，影响外观线条。

3 B2宽度确认后，用熨斗整烫缝份，另一只手拉下摆，使细褶顺直。

POINT｜注意熨斗只能烫缝份处，不能往下烫，否则细褶线条会不美观。

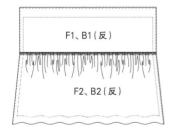

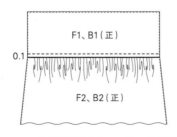

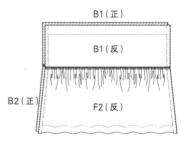

4 B1与B2正面相对，车缝反面的完成线，并将两片缝份一起拷克。

POINT｜两片缝份一起拷克可减少厚度。

5 将缝份倒向B1，从正面压缝0.1或0.5cm装饰线。

POINT｜前片做法与后片相同。

6 将前片与后片正面相对，对合胁边线记号，车缝完成线。

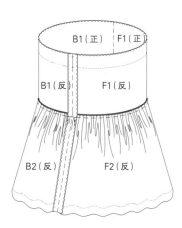

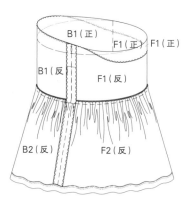

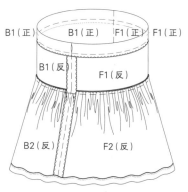

7 左胁边由上至下车缝完成线，右胁边从松紧带完成线开始车缝至下摆缝份处，并将缝份烫开。

8 下摆二折三层车缝（先将缝份折0.5~0.7cm，再折烫至完成线，假缝后再车缝）。

9 腰围处缝份往内折烫，同样二折三层车缝。

POINT｜注意裙腰的完成宽要能容纳松紧带宽加松紧带的厚度。

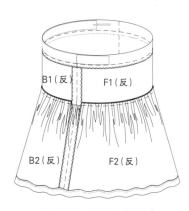

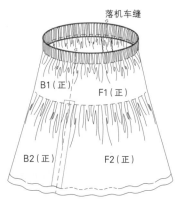

10 用穿带器夹住松紧带，由右胁边缝份孔穿入松紧带，绕一圈后由同一孔穿出。

11 松紧带两端重叠1~1.5cm，端头车缝三次加强固定。

12 将松紧带两端拉平，使松紧带份量前后均匀。在腰围胁边正面两侧将布料与松紧带车缝二三次固定。

基本型

窄裙

Preview

1.确认款式
窄裙。

2.量身
腰围、臀围、腰长、裙长。

3.打版
前片、后片、腰带。

4.补正纸型
折叠前后片褶子订正腰围线，前后片胁边线、腰围
线和下摆线修正线条。

5.整布
使经纬纱垂直，整烫布面。

6.排版
先排前后片再放腰带。

7.裁剪
前裙片折双1片、后裙片2片、腰带1片。

8.做记号
在完成线上用粉片做记号或做线钉（腰围线、臀围
线、褶子、后中心线、胁边线、下摆线）。

9.烫衬
腰带贴腰带衬、后片拉链两侧贴1cm牵条。

10.拷克机缝
前后胁边、后中心线、下摆线。

● 缝制顺序提示

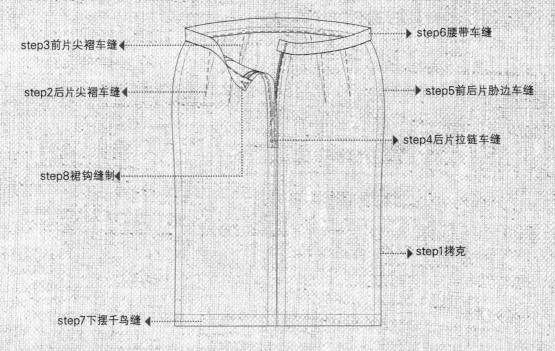

step3前片尖褶车缝◄

step2后片尖褶车缝◄

step8裙钩缝制◄

step7下摆千鸟缝◄

►step6腰带车缝

►step5前后片胁边车缝

►step4后片拉链车缝

►step1拷克

Ⓐ 版型制作 step by step

●窄裙款式尺寸

基本尺寸(cm)
中号(M)尺寸参考
W(腰围):64
H(臀围):92
HL~WL(腰长):19
SL(裙长):60

版型重点

1.前后片左右各两道尖褶
2.后中心开普通拉链
3.中腰腰带

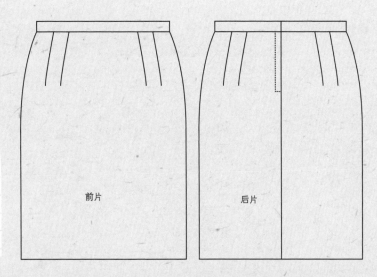

前片　　　后片

●完整制图版型

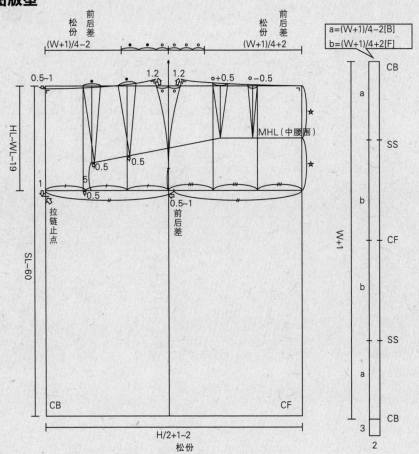

a=(W+1)/4−2[B]
b=(W+1)/4+2[F]

松份　前后差　　　　　松份　前后差
(W+1)/4−2　　　　　(W+1)/4+2

0.5~1　　　1.2　1.2　○+0.5　○−0.5

MHL(中腰围)

HL−WL−19

0.5　0.5

1　5
0.5
拉链止点

SL−60

0.5~1
前后差

CB　　　　　　　CF

H/2+1~2
松份

CB
a
SS
b
CF
b
SS
a
CB
3
2

W+1

●版型制图步骤

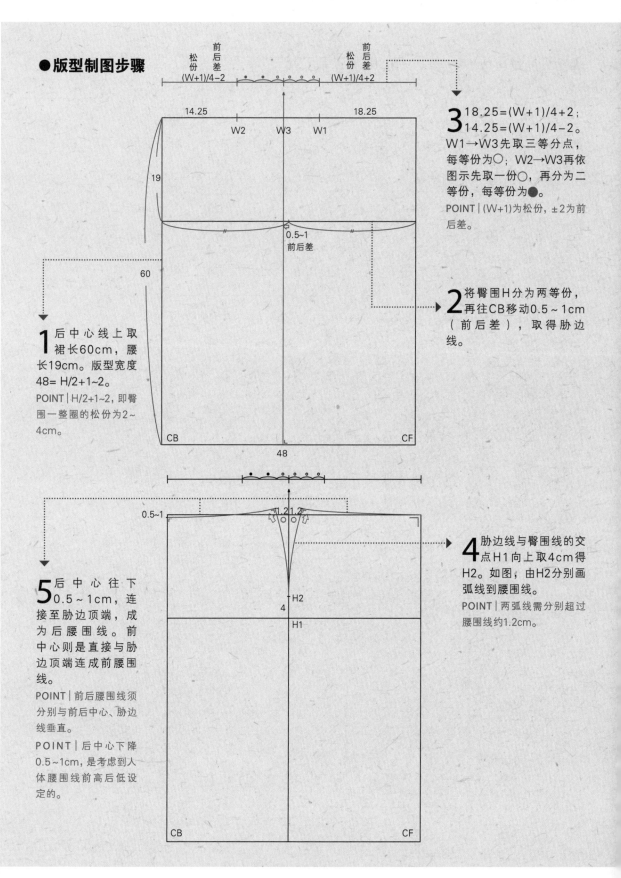

前
松 后
份 差
(W+1)/4−2

前
松 后
份 差
(W+1)/4＋2

14.25

18.25

W2　W3　W1

19

0.5~1
前后差

60

CB

48

CF

3 18.25=(W+1)/4＋2；
14.25=(W+1)/4−2。
W1→W3先取三等分点，
每等份为○；W2→W3再依
图示先取一份○，再分为二
等份，每等份为●。

POINT｜(W+1)为松份，±2为前
后差。

2 将臀围H分为两等份，
再往CB移动0.5~1cm
（前后差），取得胁边
线。

1 后中心线上取
裙长60cm，腰
长19cm。版型宽度
48= H/2+1~2。

POINT｜H/2+1~2，即臀
围一整圈的松份为2~
4cm。

0.5~1

1.21.2

H2

4

H1

CB

CF

5 后中心往下
0.5~1cm，连
接至胁边顶端，成
为后腰围线。前
中心则是直接与胁
边顶端连成前腰围
线。

POINT｜前后腰围线须
分别与前后中心、胁边
线垂直。

POINT｜后中心下降
0.5~1cm，是考虑到人
体腰围线前高后低设
定的。

4 胁边线与臀围线的交
点H1向上取4cm得
H2。如图，由H2分别画
弧线到腰围线。

POINT｜两弧线需分别超过
腰围线约1.2cm。

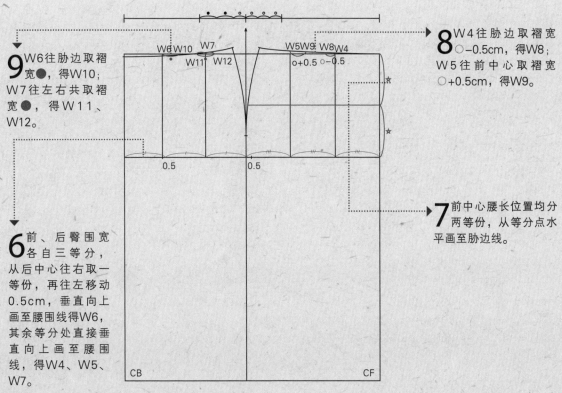

9 W6往胁边取褶宽●，得W10；W7往左右共取褶宽●，得W11、W12。

8 W4往胁边取褶宽○-0.5cm，得W8；W5往前中心取褶宽○+0.5cm，得W9。

6 前、后臀围宽各自三等分，从后中心往右取一等份，再往左移动0.5cm，垂直向上画至腰围线得W6，其余等分处直接垂直向上画至腰围线，得W4、W5、W7。

7 前中心腰长位置均分两等份，从等分点水平画至胁边线。

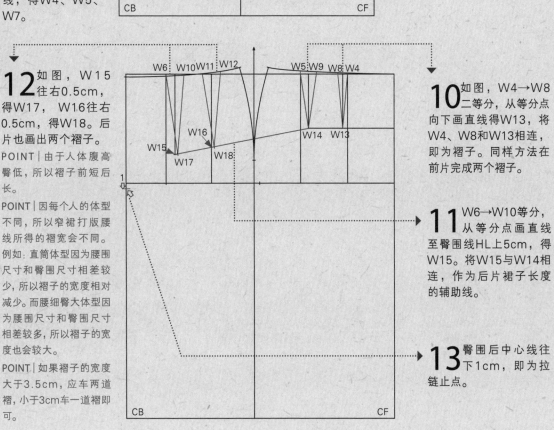

12 如图，W15往右0.5cm，得W17，W16往右0.5cm，得W18。后片也画出两个褶子。

POINT | 由于人体腹高臀低，所以褶子前短后长。

POINT | 因每个人的体型不同，所以窄裙打版腰线所得的褶宽会不同。例如：直筒体型因为腰围尺寸和臀围尺寸相差较少，所以褶子的宽度相对减少。而腰细臀大体型因为腰围尺寸和臀围尺寸相差较多，所以褶子的宽度也会较大。

POINT | 如果褶子的宽度大于3.5cm，应车两道褶，小于3cm车一道褶即可。

10 如图，W4→W8二等分，从等分点向下画直线得W13，将W4、W8和W13相连，即为褶子。同样方法在前片完成两个褶子。

11 W6→W10等分，从等分点画直线至臀围线HL上5cm，得W15。将W15与W14相连，作为后片裙子长度的辅助线。

13 臀围后中心线往下1cm，即为拉链止点。

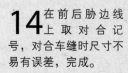

14 在前后胁边线上取对合记号，对合车缝时尺寸不易有误差，完成。

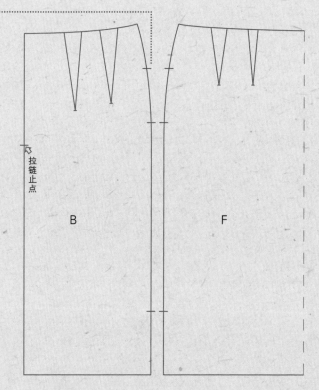

● 裁片缝份说明

▨ 衬布份	☐ 实版
☐ 缝份版	– – 折双线
⟋ 直布纹线	✕ 斜布纹线

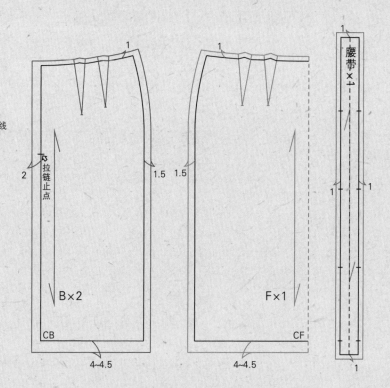

B 缝制How to make

材料说明

单幅用布：（裙长+缝份）×2

双幅用布：裙长+缝份

腰带衬约1m

牵条适量

拉链1条

裙钩1副

F（反）

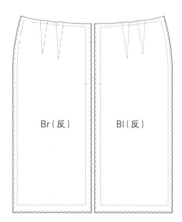

Br（反）　Bl（反）

1 前、后片拷克。

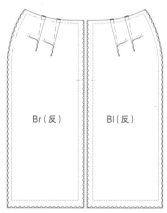

Br（反）　Bl（反）

2 后片尖褶车缝（缝份倒向中心，尖点打结，手缝二三针，请参考P27）。

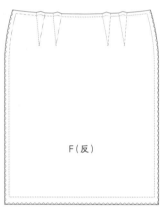

Br（正）

粗针

止点

细针

Bl（反）

3 后片中心车缝（裙腰至止点车距宽，止点至裙摆车距窄）。

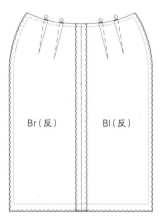

Br（反）　Bl（反）

4 后片中心缝份烫开，尖褶放烫马上向中心烫。

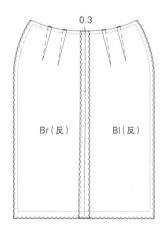

0.3

Br（反）　Bl（反）

5 右后片反面缝份烫出0.3cm至下摆结束。

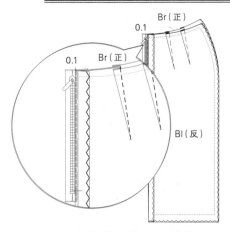

6 拉链假缝至右后片缝份凸出（0.3cm）处，车缝拉链（距边缘0.1cm处）。

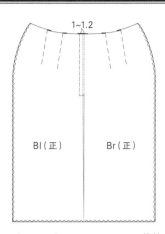

7 翻至后片正面压1~1.2cm装饰线。

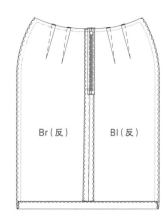

8 后片下摆反折烫备用。

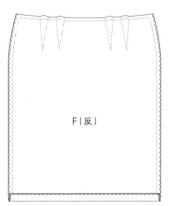

9 前片下摆反折烫备用。

10 前片褶子车缝同后片。

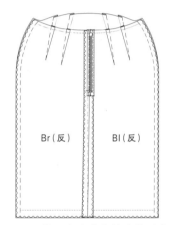

11 前后片胁边车缝（将对合记号前后对齐），由腰围线缝份车至下摆缝份处。

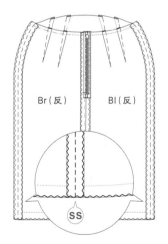

12 胁边烫开。

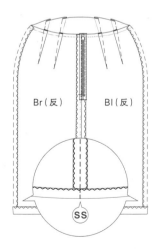

13 下摆整圈反折烫。

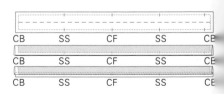

14 腰带对折烫，内侧（无贴衬边）反折烫。

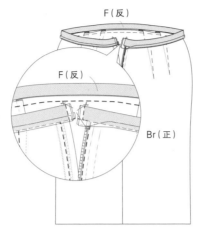

15 腰带和裙腰正面相对，对合各处记号（CB、SS、CF）车缝。

16 腰带反面车缝I形和L形，并修剪转角处缝份。（请参考P32）

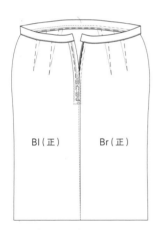

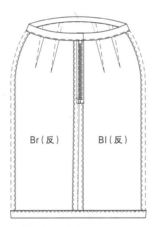

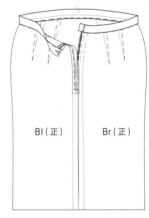

17 腰带翻至正面与内侧假缝固定，从正面沿着腰带下线落机车缝固定（压住）反面缝份。

18 千鸟缝固定裙摆。

19 裙钩缝制，完成。

NO.4

波浪裙

Preview

1.确认款式
波浪裙。

2.量身
腰围、臀围、腰长、裙长。

3.打版
前片、后片、腰带。

4.补正纸型
前后片胁边线、腰围线和下摆线修正线条。

5.整布
使经纬纱垂直、整烫布面。

6.排版
先排前后片再放腰带。

7.裁剪
前裙片折双1片、后裙片2片、腰带1片。

8.做记号
在完成线上用粉片做记号或做线钉（腰围线、臀围线、后中心线、胁边线、下摆线）。

9.烫衬
腰带贴腰带衬、后片拉链两侧贴1cm牵条。

10.拷克机缝
前后胁边、后中心线、下摆线。

●缝制顺序提示

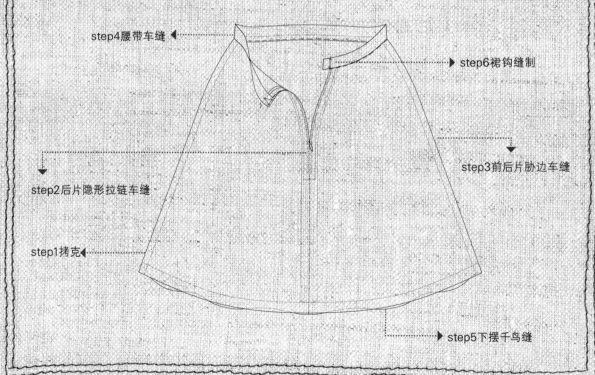

step4腰带车缝 ◀

▶ step6裙钩缝制

step3前后片胁边车缝

step2后片隐形拉链车缝

step1拷克 ◀

▶ step5下摆千鸟缝

A 版型制作 step by step

●波浪裙款式尺寸

基本尺寸（cm）
中号（M）尺寸参考
W（腰围）：64
H（臀围）：92
HL~WL（腰长）：19
SL（裙长）：60

版型重点
1.前后片腰部没有褶子
2.下摆较宽
3.后中心开隐形拉链
4.中腰腰带

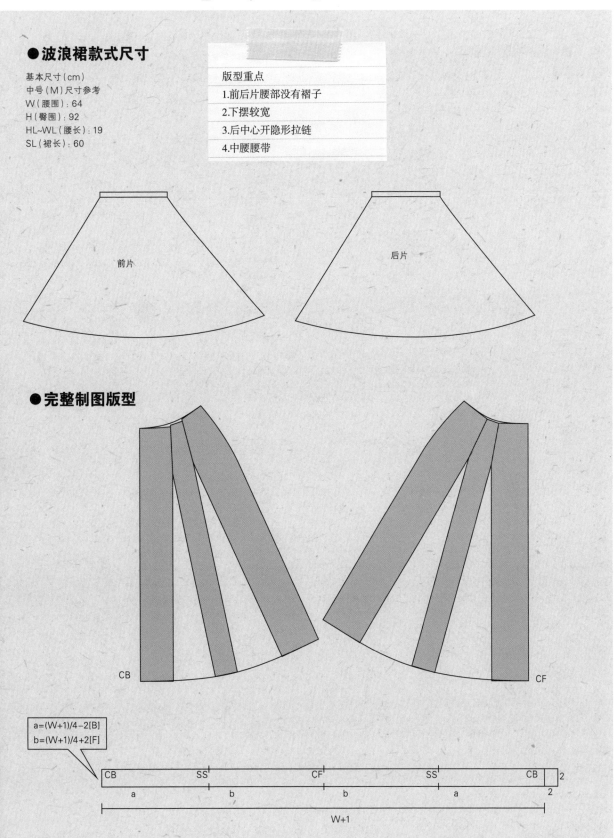

前片

后片

●完整制图版型

CB

CF

a=(W+1)/4−2[B]
b=(W+1)/4+2[F]

CB   SS   CF   SS   CB   2
   a   b   b   a   2

W+1

●版型制图步骤

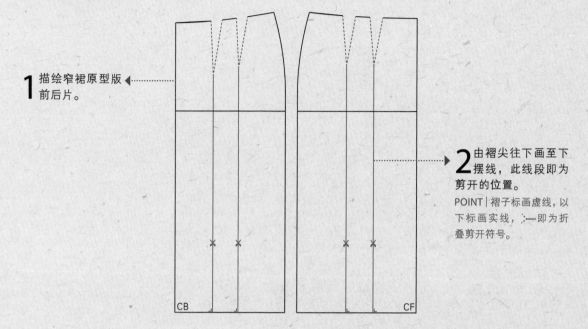

1 描绘窄裙原型版前后片。

2 由褶尖往下画至下摆线，此线段即为剪开的位置。

POINT｜褶子标画虚线，以下标画实线，⧓—即为折叠剪开符号。

CB　　　　CF

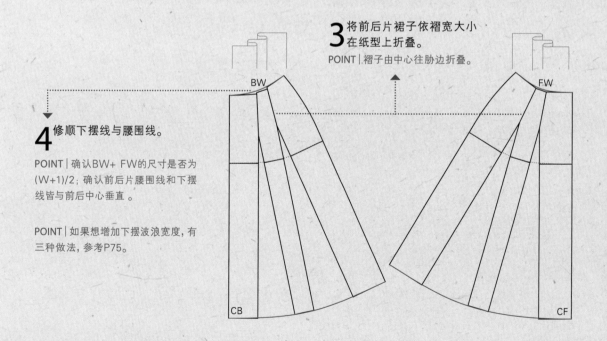

3 将前后片裙子依褶宽大小在纸型上折叠。

POINT｜褶子由中心往胁边折叠。

BW　　　　FW

4 修顺下摆线与腰围线。

POINT｜确认BW+ FW的尺寸是否为(W+1)/2；确认前后片腰围线和下摆线皆与前后中心垂直。

POINT｜如果想增加下摆波浪宽度，有三种做法，参考P75。

CB　　　　CF

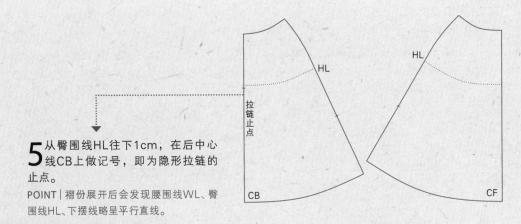

5 从臀围线HL往下1cm，在后中心线CB上做记号，即为隐形拉链的止点。

POINT｜褶份展开后会发现腰围线WL、臀围线HL、下摆线略呈平行直线。

●增加下摆波浪宽度的方法

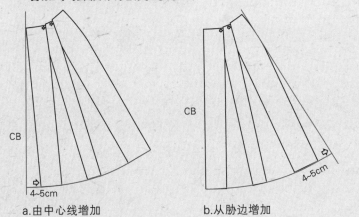

a.由中心线增加　　　b.从胁边增加　　　c.剪开褶份展开

●裁片缝份说明

☐ 衬布份　　☐ 实版
☐ 缝份版　　-- 折双线
↑ 直布纹线　✕ 斜布纹线

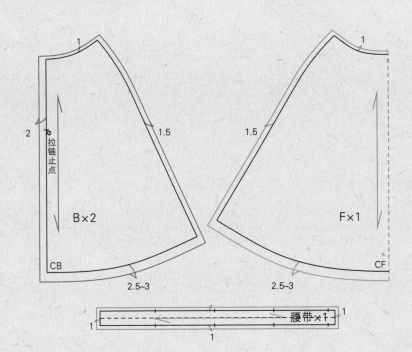

B 缝制How to make

材料说明
单幅用布:(裙长+缝份)×2
双幅用布:裙长+缝份
腰带衬约1m
牵条适量
隐形拉链1条
裙钩1副

1 后片拷克。

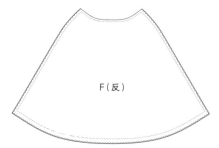

2 前片拷克。

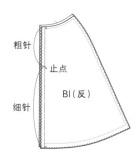

3 后片中心车缝(裙腰至止点车距宽,止点至裙摆车距窄)。

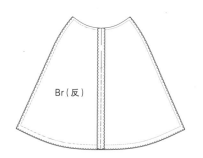

4 后片中心缝份烫开。

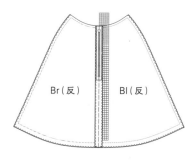

5 拉链中心对准后中心线,方格尺置缝份下,假缝拉链于后中心缝份上。(左右皆要缝)
POINT | 隐形拉链正片朝下。

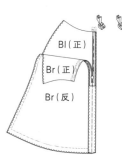

6 拆除粗针针脚,将拉链拉至止点下方,使用隐形拉链压脚车缝拉链。

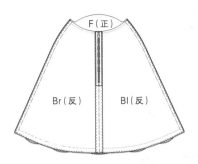

7 前后片胁边车缝（将对合记号前后对齐）。

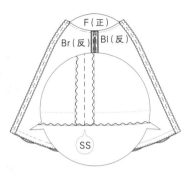

8 胁边烫开。

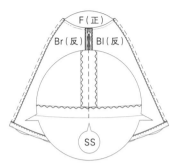

9 下摆整圈反折烫。

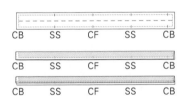

10 腰带对折烫，内侧（无贴衬边）反折烫。

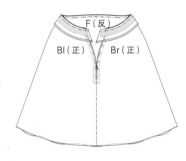

11 腰带与裙腰正面相对，对合各处记号（CB、SS、CF）车缝。

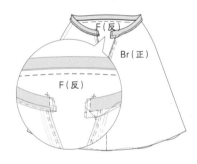

12 腰带反面车缝I形和L形，并修剪转角处缝份。（请参考P32）

13 腰带翻至正面与内侧假缝固定，从正面落机车缝固定（压住）反面缝份。

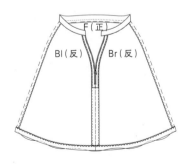

14 千鸟缝固定裙摆。

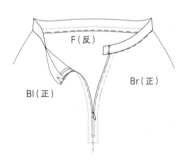

15 裙钩缝制，完成。

NO.5

A字裙

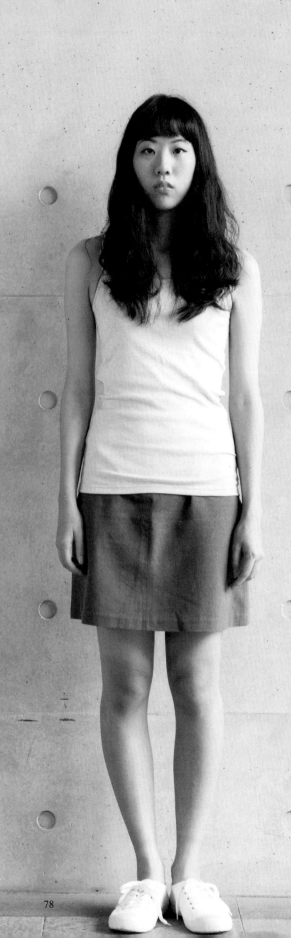

Preview

1.确认款式
A字裙。

2.量身
腰围、臀围、腰长、裙长。

3.打版
前片、后片、腰带。

4.补正纸型
折叠前后片褶子订正腰围线，前后片胁边线、腰围线和下摆线修正线条。

5.整布
使经纬纱垂直，整烫布面。

6.排版
先排前后片再放腰带。

7.裁剪
前裙片折双1片、后裙片2片、腰带1片。

8.做记号
在完成线上用粉片做记号或做线钉（腰围线、臀围线、褶子、后中心线、胁边线、下摆线）。

9.烫衬
腰带贴腰带衬、后片拉链两侧贴1cm牵条。

10.拷克机缝
前后胁边、后中心线、下摆线。

● 缝制顺序提示

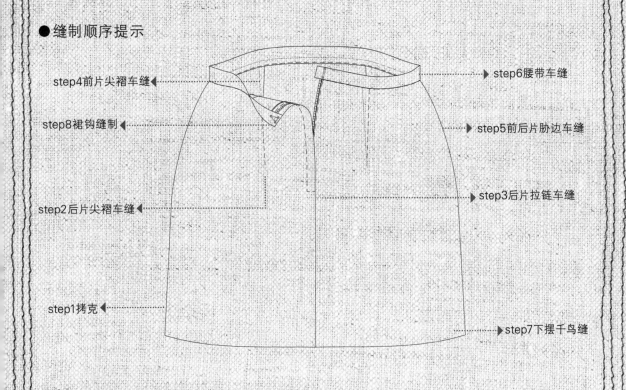

step4前片尖褶车缝◄

step8裙钩缝制◄

step2后片尖褶车缝◄

step1拷克◄

►step6腰带车缝

►step5前后片胁边车缝

►step3后片拉链车缝

►step7下摆千鸟缝

A 版型制作 step by step

●A字裙款式尺寸

中号(M)尺寸参考
W(腰围)：64
H(臀围)：92
HL~WL(腰长)：19
SL(裙长)：45

版型重点

1. 前后片左右各一道尖褶
2. 后中心开普通拉链
3. 中腰腰带

●完整制图版型

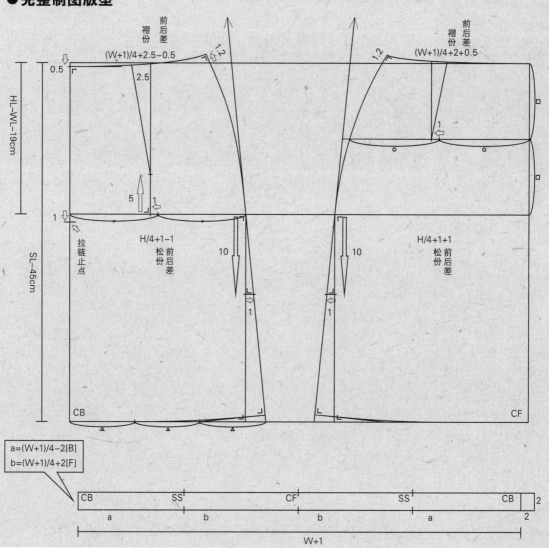

前后褶份差
(W+1)/4+2.5−0.5
0.5
2.5
1.2

前后褶份差
(W+1)/4+2+0.5
1.2
1

HL~WL−19cm

5   1
1

SL−45cm

1
拉链止点

H/4+1−1
松份前后差

10

1

10

1

H/4+1+1
松份前后差

CB

CF

a=(W+1)/4−2[B]
b=(W+1)/4+2[F]

CB		SS		CF		SS		CB	2
a		b		b		a			2

W+1

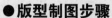

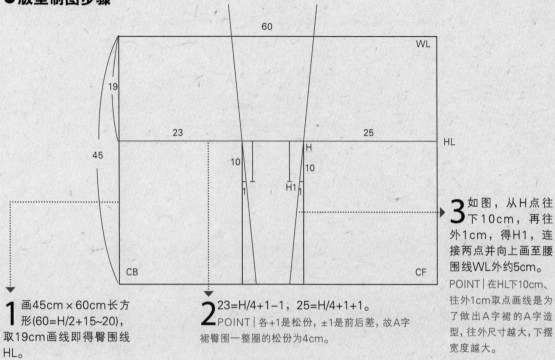

1 画45cm×60cm长方形(60=H/2+15~20)，取19cm画线即得臀围线HL。

2 23=H/4+1-1，25=H/4+1+1。
POINT｜各+1是松份，±1是前后差，故A字裙臀围一整圈的松份为4cm。

3 如图，从H点往下10cm，再往外1cm，得H1，连接两点并向上画至腰围线WL外约5cm。
POINT｜在HL下10cm、往外1cm取点画线是为了做出A字裙的A字造型，往外尺寸越大，下摆宽度越大。

4 18.25= W+1/4+2.5-0.5，18.75=W+1/4+2+0.5。用D弯尺画胁边弧线至WL，所画线超出WL1.2cm。

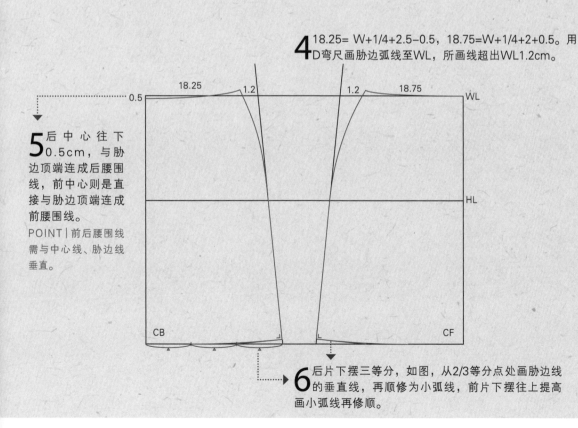

5 后中心往下0.5cm，与胁边顶端连成后腰围线，前中心则是直接与胁边顶端连成前腰围线。
POINT｜前后腰围线需与中心线、胁边线垂直。

6 后片下摆三等分，如图，从2/3等分点处画胁边线的垂直线，再顺修为小弧线，前片下摆往上提高画小弧线再修顺。

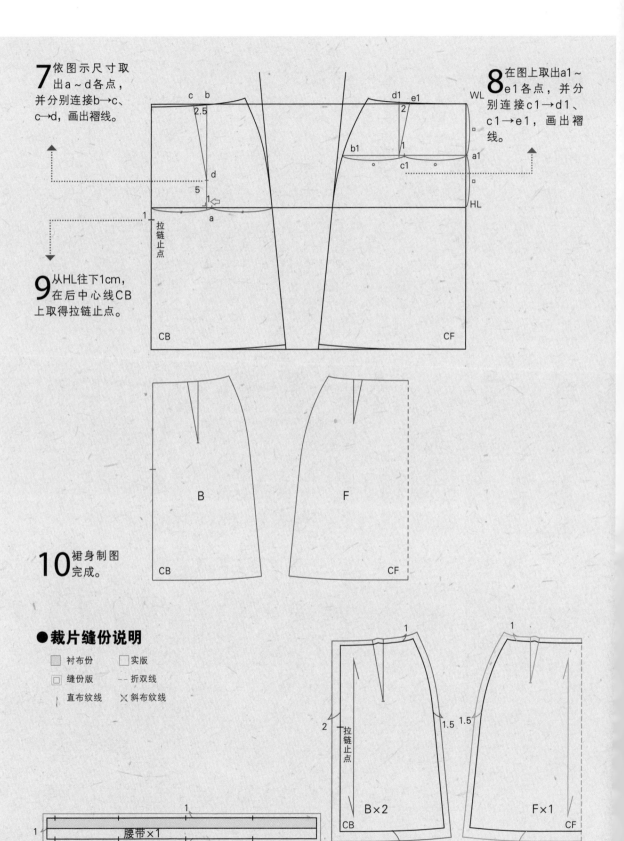

7 依图示尺寸取出a～d各点，并分别连接b→c、c→d，画出褶线。

8 在图上取出a1～e1各点，并分别连接c1→d1、c1→e1，画出褶线。

9 从HL往下1cm，在后中心线CB上取得拉链止点。

10 裙身制图完成。

● 裁片缝份说明

☐ 衬布份　☐ 实版
☐ 缝份版　-- 折双线
| 直布纹线　✕ 斜布纹线

腰带×1

B×2

F×1

82

B 缝制How to make

材料说明

单幅用布：(裙长+缝份)×2

双幅用布：裙长+缝份

腰带衬约1m

牵条适量

拉链1条

裙钩1副

1 后片拷克。

2 前片拷克。

3 后片尖褶车缝（缝份倒向中心，尖点打结，手缝二三针，请参考P27）。

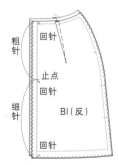

4 后片中心车缝（裙腰至止点车距宽，止点至裙摆车距窄）。

5 后片中心缝份烫开，尖褶放烫马上向中心烫开。

6 右后片反面缝份烫出0.3cm至下摆结束。

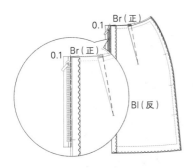

7 拉链假缝至右后片缝份凸出（0.3cm）处，车缝拉链（距边缘0.1cm处）。

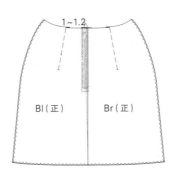

8 翻至后片正面压1～1.2cm装饰线。

9 后片下摆烫缩。

10 后片下摆反折烫。

11 前片下摆左右两端烫缩。

12 前片下摆反折烫。

13 前片褶子车缝同后片。

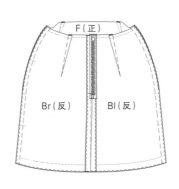

14 前后片胁边车缝（将对合记号前后对齐）。

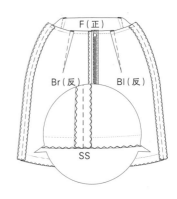

15 胁边烫开。

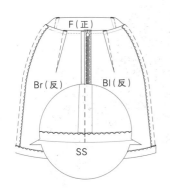

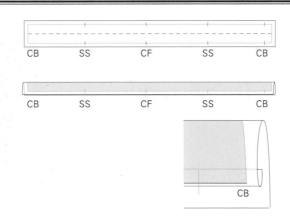

16 下摆整圈反折烫。

17 腰带对折烫，内侧（无贴衬边）反折烫。

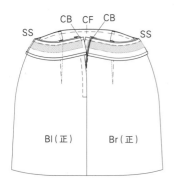

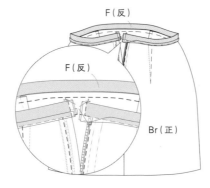

18 腰带与裙腰正面相对，对合各处记号（CB、SS、CF）车缝。

19 腰带反面车缝I形和L形，并修剪转角处缝份。（请参考P32）

20 腰带翻至正面与内侧假缝固定，从正面落机车缝固定（压住）反面缝份。

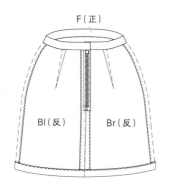

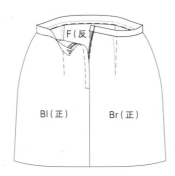

21 千鸟缝固定裙摆。

22 裙钩缝制，完成。

NO.6

A字箱褶裙

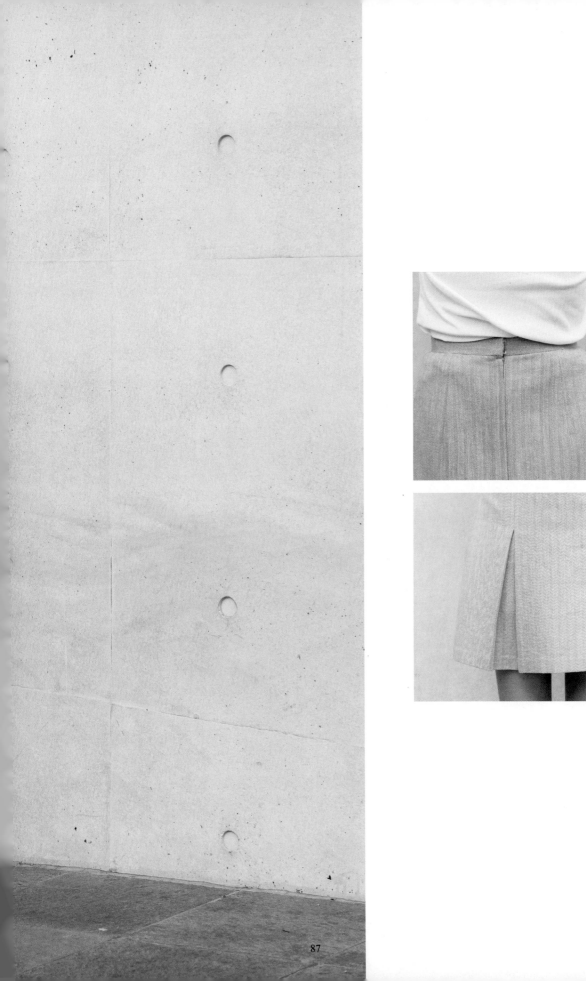

Preview

1.确认款式

A字箱褶裙。

2.量身

腰围、臀围、腰长、裙长。

3.打版

前片、后片、腰带。

4.补正纸型

折叠前后片褶子订正腰围线，前后片胁边线、腰围线和下摆线修正线条。

5.整布

使经纬纱垂直，整烫布面。

6.排版

先排前后片再放腰带。

7.裁剪

前裙片折双1片、后裙片2片、腰带1片。

8.做记号

在完成线上用粉片做记号或做线钉（腰围线、臀围线、褶子、后中心线、胁边线、下摆线）。

9.烫衬

腰带贴腰带衬、后片拉链两侧贴1cm牵条。

10.拷克机缝

前后胁边、后中心线、下摆线。

●缝制顺序提示

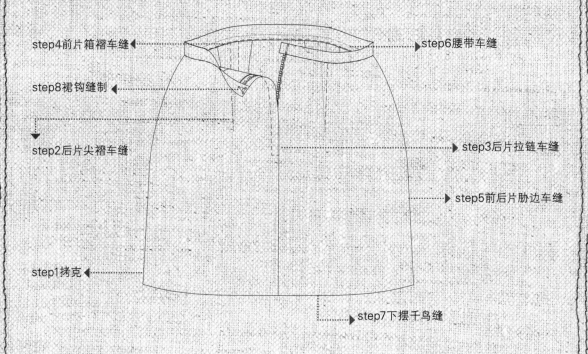

step4前片箱褶车缝

step8裙钩缝制

step2后片尖褶车缝

step1拷克

step6腰带车缝

step3后片拉链车缝

step5前后片胁边车缝

step7下摆千鸟缝

A 版型制作 step by step

●A字箱褶裙款式尺寸

基本尺寸（cm）
中号（M）尺寸参考
W（腰围）：64
H（臀围）：92
HL~WL（腰长）：19
SL（裙长）：45

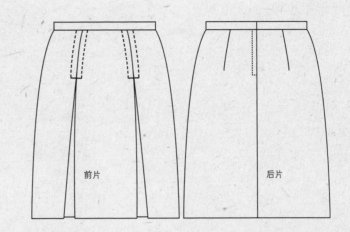

前片　　　　后片

版型重点
1. 前片左右各一道箱褶
2. 后片左右各一道尖褶
3. 后中心开普通拉链
4. 中腰腰带

● 完整制图版型

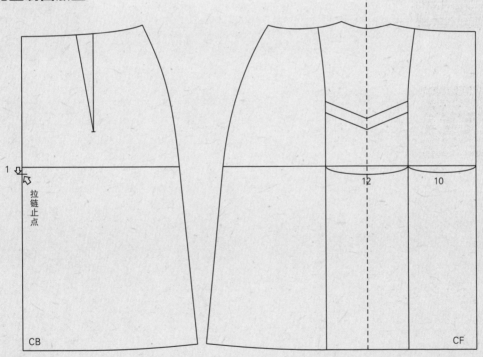

1

拉链止点

CB

12　　10

CF

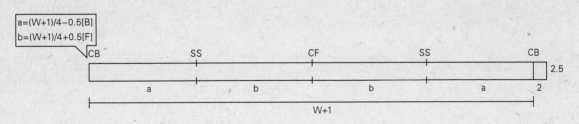

a=(W+1)/4−0.5[B]
b=(W+1)/4+0.5[F]

CB　　SS　　CF　　SS　　CB

2.5

a　　b　　b　　a　　2

W+1

●版型制图步骤

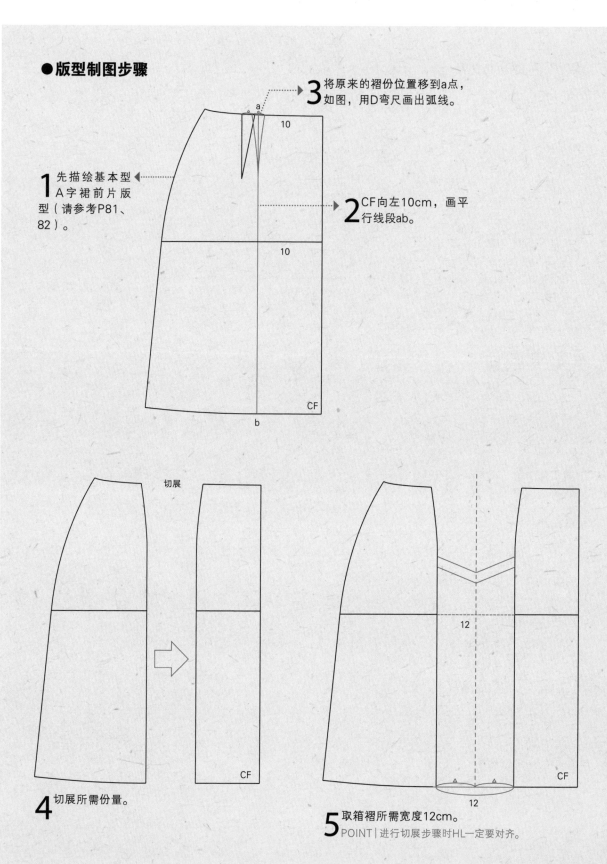

3 将原来的褶份位置移到a点，如图，用D弯尺画出弧线。

1 先描绘基本型A字裙前片版型（请参考P81、82）。

2 CF向左10cm，画平行线段ab。

10

10

CF

b

切展

CF

4 切展所需份量。

12

12

CF

5 取箱褶所需宽度12cm。
POINT│进行切展步骤时HL一定要对齐。

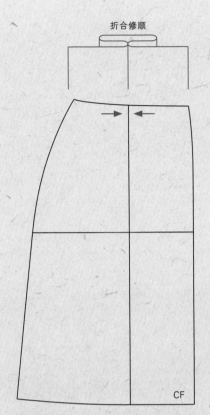

折合修顺

CF

6 将箱褶折合后，修顺腰围线 WL。

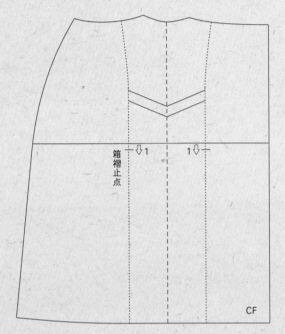

箱褶止点

⇩1   1⇩

CF

7 修顺后展开，前片完成。后片版型与基本型A字 裙相同。

●裁片缝份说明

☐ 衬布份　　☐ 实版
☐ 缝份版　　-- 折双线
↓ 直布纹线　　✕ 斜布纹线

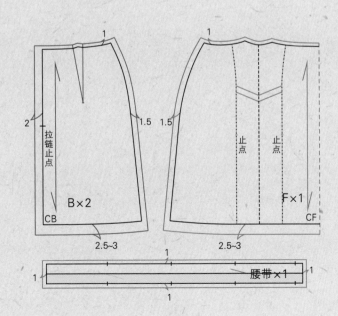

1

2

拉链止点

B×2

CB

1.5 1.5

止点 止点

F×1

CF

2.5~3   2.5~3

1

1   腰带×1   1

1

B 缝制How to make

材料说明
单幅用布：(裙长+缝份)×2
双幅用布：裙长+缝份
腰带衬约1m
牵条适量
拉链1条
裙钩1副

1 后片拷克。

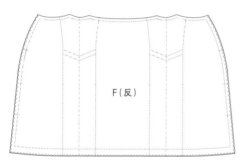

2 前片拷克。

3 后片尖褶车缝（缝份倒向中心，尖点打结，手缝二三针，请参考P27）。

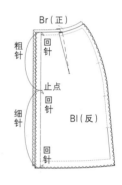

4 后片中心车缝（裙腰至止点车距宽、止点至裙摆车距窄）。

5 后片中心缝份烫开，尖褶放烫马上向中心烫开。

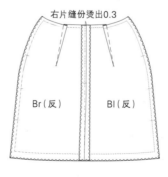

6 右后片反面缝份烫出0.3cm至下摆结束。

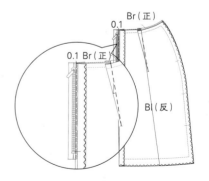

7 拉链假缝至右后片缝份凸出（0.3cm）处，车缝拉链（距边缘0.1cm处）。

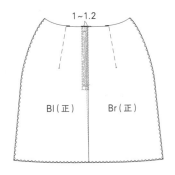

8 翻至后片正面压1～1.2cm装饰线。

9 后片下摆烫缩。

10 后片下摆反折烫。

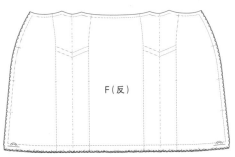

11 前片下摆左右两端烫缩。

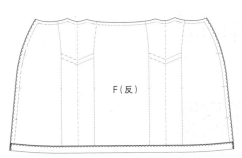

12 前片下摆反折烫。

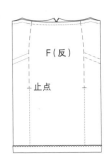

13 从腰围线车缝至箱褶止点。

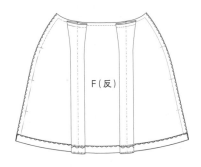

14 缝份倒向两边烫开。

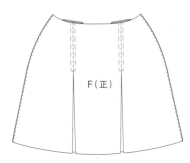

15 翻至前片正面，在车线处左右两侧压装饰线。

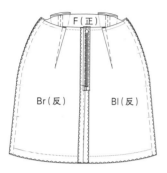

16 前后片胁边车缝（将对合记号前后对齐）。

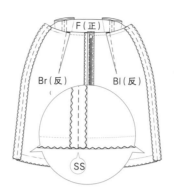

17 胁边烫开。

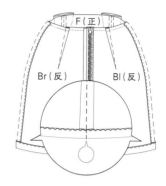

18 下摆整圈反折烫。

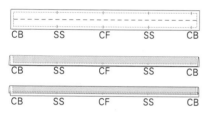

19 腰带对折烫，内侧（无贴衬边）反折烫。

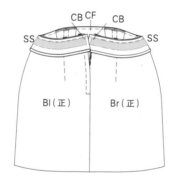

20 腰带与裙腰正面相对，对合各处记号（CB、SS、CF）车缝。

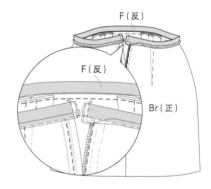

21 腰带反面车缝I形和L形，并修剪转角处缝份。（请参考P32）

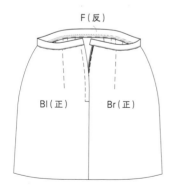

22 腰带翻至正面与内侧假缝固定，从正面落机车缝固定（压住）反面缝份。

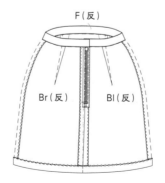

23 千鸟缝固定裙摆。

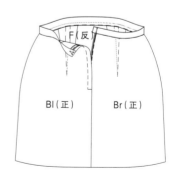

24 裙钩缝制，完成。

Part 4
裤子打版与制作

基本型

松紧带短裤

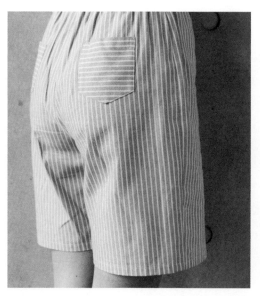

Preview

1.确认款式
松紧带短裤。

2.量身
腰围、臀围、腰长、股上长、裤长。

3.打版
前片、后片、口袋、腰带。

4.补正纸型
前后片胁边腰围线和下摆线对合修正，股下线的
裤裆线处对合修正。

5.整布
使经纬纱垂直，整烫布面。

6.排版
布面折双后先排前后片，再排口袋和腰带。

7.裁剪
前片2片、后片2片、口袋1片、腰带1片。

8.做记号
在完成线上做记号或做线钉(腰围线、胁边线、裤
裆、股下线、下摆线、口袋)。

9.烫衬
口袋口位置。

10.拷克机缝
前后片裤裆、股下线、胁边线，口袋布周边。

●缝制顺序提示

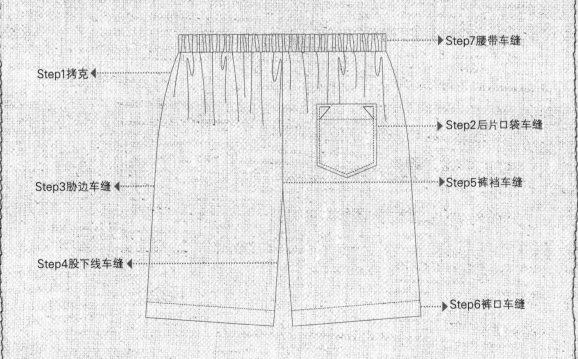

Step7腰带车缝

Step1拷克

Step2后片口袋车缝

Step3胁边车缝

Step5裤裆车缝

Step4股下线车缝

Step6裤口车缝

A 版型制作 step by step

●松紧带短裤款式尺寸

基本尺寸(cm)
中号(M)尺寸参考
W(腰围):64
H(臀围):92
HL~WL(腰长):19
BR(股上):26
TL(裤长):40

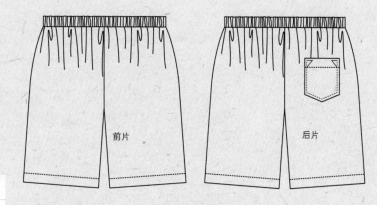

前片　　　后片

版型重点
1.中腰松紧带
2.膝上约10cm

●完整制图版型

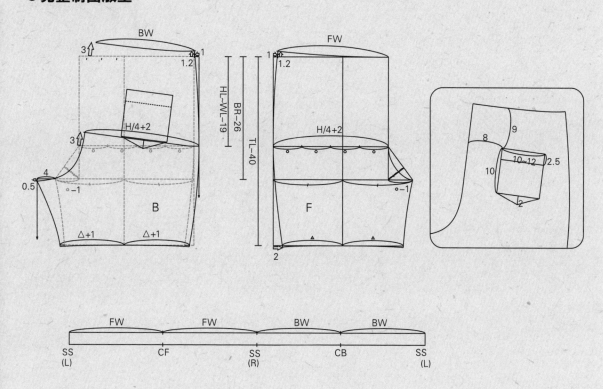

●版型制图步骤(前片)

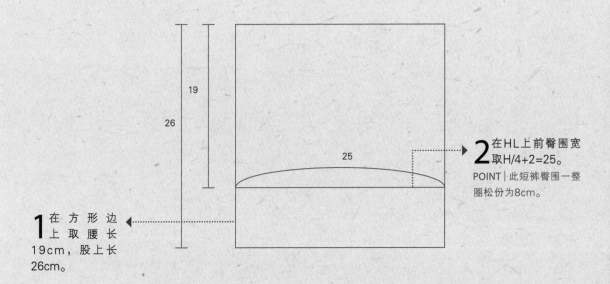

1 在 方 形 边 上 取 腰 长 19cm，股上长 26cm。

2 在HL上前臀围宽 取H/4+2=25。
POINT｜此短裤臀围一整 圈松份为8cm。

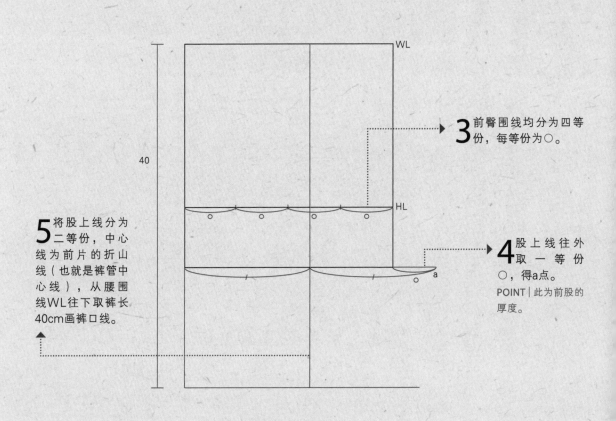

3 前臀围线均分为四等 份，每等份为○。

4 股上线往外 取 一 等 份 ○，得a点。
POINT｜此为前股的 厚度。

5 将股上线分为 二等份，中心 线为前片的折山 线（也就是裤管中 心 线 ），从腰围 线WL往下取裤长 40cm画裤口线。

6 a.从腰围胁边往右1cm取点，从HL连接该点，再顺着弧度往上画，画到超出WL 1.2cm。

b.从裤口胁边往右2cm取点，HL与该点连接，顺着弧度往下画至裤口线。

9 胁边线至折山线宽度为△，由折山线往右取同等宽△，从a点画弧线连至裤口处，即得前股下线。

POINT｜胁边线、股下线需与裤口线垂直。

7 如图绘制前腰围线。

POINT｜注意前腰围线需与胁边线、前中心线垂直。

8 如图，a点与HL连成直线，从b点画线垂直于此线段得a1点。将a1→b分为三等份，从HL经1/3等分点处（a2点）画弧线至a点。

10 前片完成。

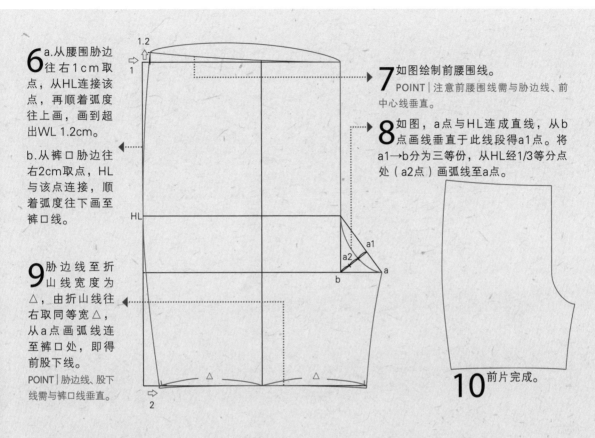

●版型制图步骤(后片)

3 后中心至折山线分成三等份，自1/3等分处至股上线的b点连线，连线并超出WL 3cm。

2 股的厚度往外4cm，垂直往下0.5~1cm定b1点。

POINT｜因体型后有臀部，故后片股的厚度需大于前片。

1 描绘一份前片轮廓线。

POINT｜股上线以上直线，以下描完成线。

4 裤口宽为前片裤口宽左右各往外1cm。

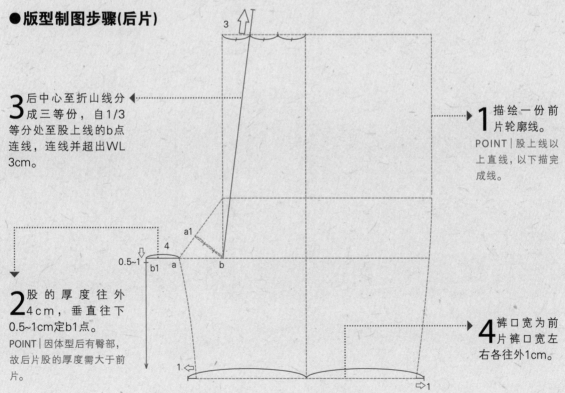

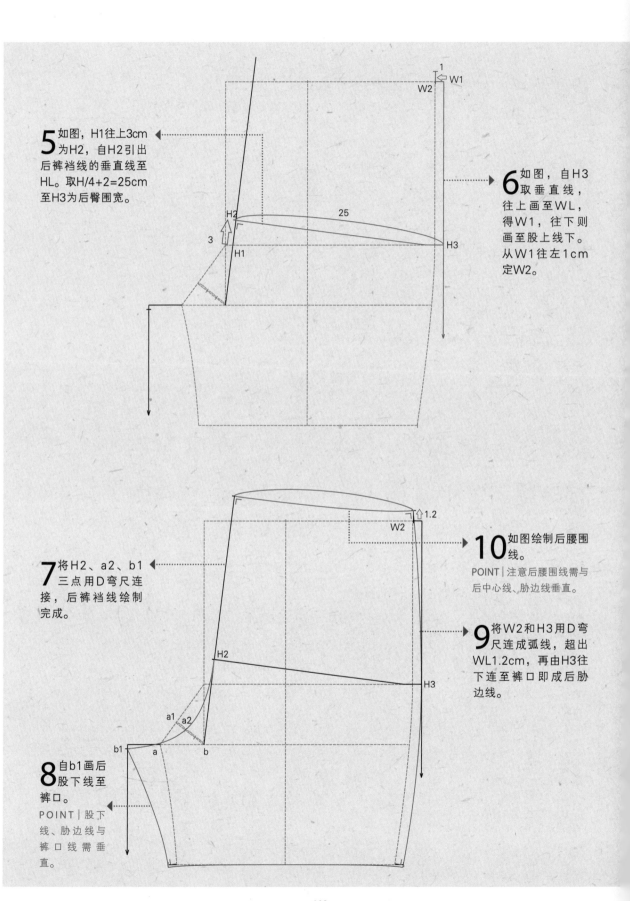

5 如图, H1往上3cm 为H2, 自H2引出后裤裆线的垂直线至HL。取H/4+2=25cm 至H3为后臀围宽。

25

H2

3

H1

H3

1

W1

W2

6 如图, 自H3 取垂直线, 往上画至WL, 得W1, 往下则画至股上线下。从W1往左1cm 定W2。

7 将H2、a2、b1 三点用D弯尺连接, 后裤裆线绘制完成。

8 自b1画后股下线至裤口。
POINT│股下线、胁边线与裤口线需垂直。

H2

a1 a2

b1 a b

H3

W2

1.2

10 如图绘制后腰围线。
POINT│注意后腰围线需与后中心线、胁边线垂直。

9 将W2和H3用D弯尺连成弧线, 超出WL1.2cm, 再由H3往下连至裤口即成后胁边线。

11 完成。

●裁片缝份说明

- ▨ 衬布份
- ▢ 实版
- ▢ 缝份版
- -- 折双线
- ↓ 直布纹线
- ✕ 斜布纹线

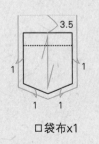

口袋布x1

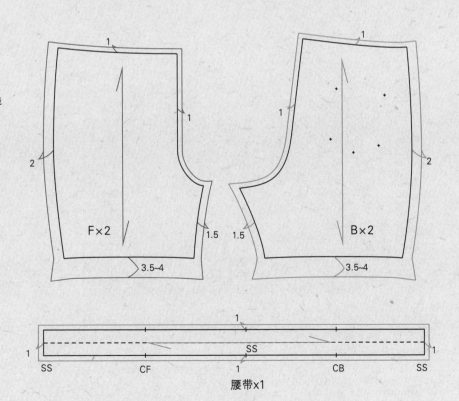

F×2

B×2

3.5~4　　　3.5~4

1.5　1.5

SS　　　CF　　　SS　　　CB　　　SS

腰带x1

B 缝制How to make

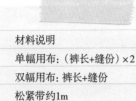

材料说明

单幅用布：（裤长+缝份）×2

双幅用布：裤长+缝份

松紧带约1m

1 前、后片拷克。

2 后片口袋拷克，缝份烫衬。

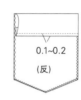

0.1~0.2

(反)

3 袋口缝份二折三层车缝。

(反)

4 折烫左右及下方缝份。

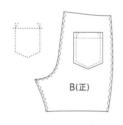

B(正)

5 口袋布置于后片口袋位置上，车缝固定。

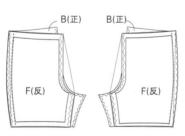

B(正) B(正)

F(反) F(反)

6 车缝前片胁边线。

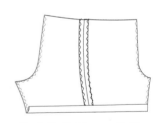

7 胁边缝份烫开，整烫下摆（二折三层）。

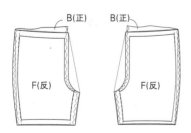

B(正) B(正)

F(反) F(反)

8 车缝股下线，缝份烫开。

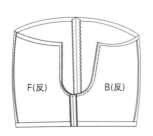

F(反) B(反)

9 左右裤管正面相对，对合股下线，车缝前后裤裆线。

10 裤裆线缝份烫开，裤口二折三层车缝装饰线。

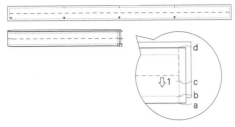

11 将腰带长度对折，车缝a点到b点，c点到d点。

POINT│b点到c点即为放松紧带的地方。

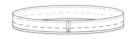

12 缝份烫开。

13 再将腰带对折（宽度对折）熨烫。

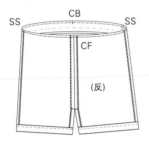

14 将腰带与裤腰正面相对，对合CB、CF、SS，车缝完成线。

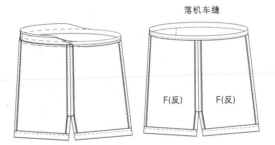

15 从腰带正面落机车缝，固定（压住）腰带反面缝份。

16 使用穿带器夹住松紧带，从腰带胁边的孔洞（b点到c点）穿入松紧带，绕一圈后，由同一孔洞穿出。

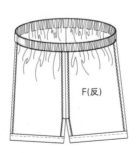

17 将松紧带两端重叠1cm，距端头0.5cm来回车缝三次加强固定。

18 从腰带胁边正面落机车缝，固定松紧带，以防扭转。完成。

NO.2

长裤

Preview

1.确认款式
长裤。

2.量身
腰围、臀围、腰长、股上长、裤长。

3.打版
前片、后片、口袋、拉链（贴边布、持出布）、腰带。

4.补正纸型
前后片胁边腰围线和下摆线对合修正，股下线的裤裆线处对合修正。

5.整布
使经纬纱垂直，整烫布面。

6.排版
布面折双后先排前后片，再排腰带和口袋、持出布、贴边布。

7.裁剪
前片2片、后片2片、口袋A布2片、口袋B布2片、拉链贴边布1片、持出布1片、腰带1片。

8.做记号
在完成线上做记号或做线钉（腰围线、胁边线、裤裆、股下线、下摆线、口袋）。

9.烫衬
口袋口位置、拉链贴边布和持出布、腰带。

10.拷克机缝
前后片裤裆、股下线、胁边线、下摆线，口袋布胁边、拉链贴边布。

● 缝制顺序提示

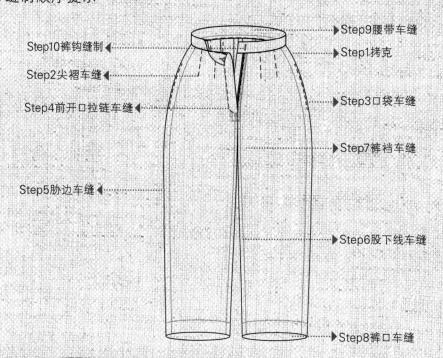

Step10裤钩缝制◀

Step2尖褶车缝◀

Step4前开口拉链车缝◀

Step5胁边车缝◀

▶Step9腰带车缝

▶Step1拷克

▶Step3口袋车缝

▶Step7裤裆车缝

▶Step6股下线车缝

▶Step8裤口车缝

Ａ 版型制作 step by step

●长裤款式尺寸

基本尺寸(cm)
中号(M)尺寸参考
W(腰围):64
H(臀围):92
HL~WL(腰长):19
BR(股上):26
TL(裤长):95

前片　　　后片

版型重点
1.前后片左右各两道尖褶
2.胁边胁口袋
3.前开拉链
4.中腰腰带

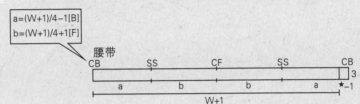

$a=(W+1)/4-1[B]$
$b=(W+1)/4+1[F]$

腰带

CB　　SS　　CF　　SS　　CB
　a　　b　　b　　a　★−1　　3
　　　　　W+1

●完整制图版型

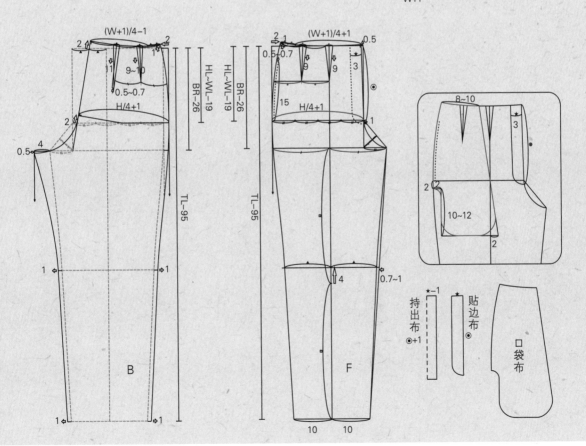

●版型制图步骤（前片）

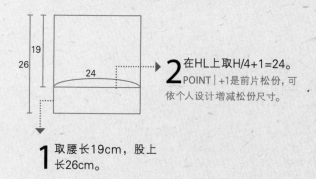

1 取腰长19cm，股上长26cm。

2 在HL上取H/4+1=24。
POINT | +1是前片松份，可依个人设计增减松份尺寸。

13 如图绘制前腰围线。
POINT | 注意前腰围线需与胁边线、前中心线垂直。

9 腰围胁边往右2cm取点，画弧线至HL，并超出WL1~1.2cm。

10 在膝线KL上取同等宽◎，将H宽连至KL再至裤口线。

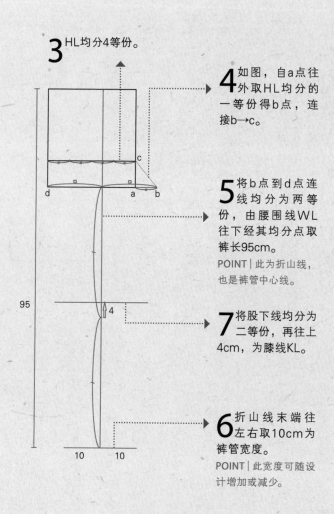

3 HL均分4等份。

4 如图，自a点往外取HL均分的一等份得b点，连接b→c。

5 将b点到d点连线均分为两等份，由腰围线WL往下经其均分点取裤长95cm。
POINT | 此为折山线，也是裤管中心线。

7 将股下线均分为二等份，再往上4cm，为膝线KL。

6 折山线末端往左右取10cm为裤管宽度。
POINT | 此宽度可随设计增加或减少。

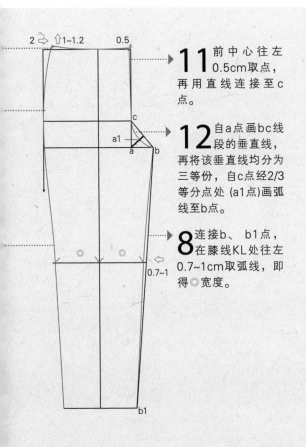

11 前中心往左0.5cm取点，再用直线连接至c点。

12 自a点画bc线段的垂直线，再将该垂直线均分为三等份，自c点经2/3等分点处（a1点）画弧线至b点。

8 连接b、b1点，在膝线KL处往左0.7~1cm取弧线，即得◎宽度。

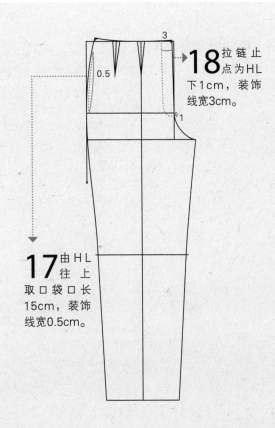

18 拉链止点为HL下1cm，装饰线宽3cm。

17 由HL往上取口袋口长15cm，装饰线宽0.5cm。

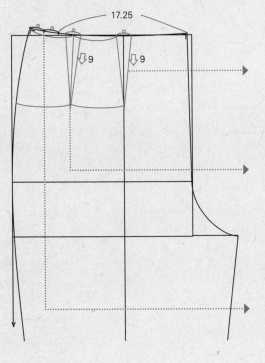

15 在折山线左右取褶宽○，褶长9cm画第一道褶子。

16 将第一道褶子的左边线段均分两等份，在均分点左右取褶宽○，褶长9cm，画第二道褶子。

14 在WL上由中心往左取(W+1)/4+1=17.25，其余均分成两等份为褶宽○。

POINT | 剩余宽度依体型而不同。直筒体型者，褶份较小，若小于3cm可只打一道褶子。

19 前片完成。

●版型制图步骤（后片）

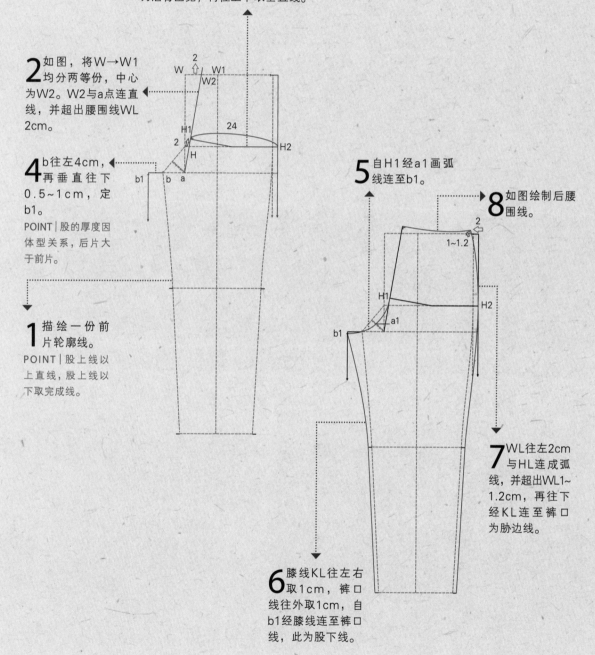

3 H往上2cm为H1，自H1引出后裤裆线的垂直线至HL。取H/4+1=24至H2为后臀围宽，再往上下取垂直线。

2 如图，将W→W1均分两等份，中心为W2。W2与a点连直线，并超出腰围线WL2cm。

4 b往左4cm，再垂直往下0.5~1cm，定b1。
POINT｜股的厚度因体型关系，后片大于前片。

1 描绘一份前片轮廓线。
POINT｜股上线以上直线，股上线以下取完成线。

5 自H1经a1画弧线连至b1。

8 如图绘制后腰围线。

7 WL往左2cm与HL连成弧线，并超出WL1~1.2cm，再往下经KL连至裤口为胁边线。

6 膝线KL往左右取1cm，裤口线往外取1cm，自b1经膝线连至裤口线，此为股下线。

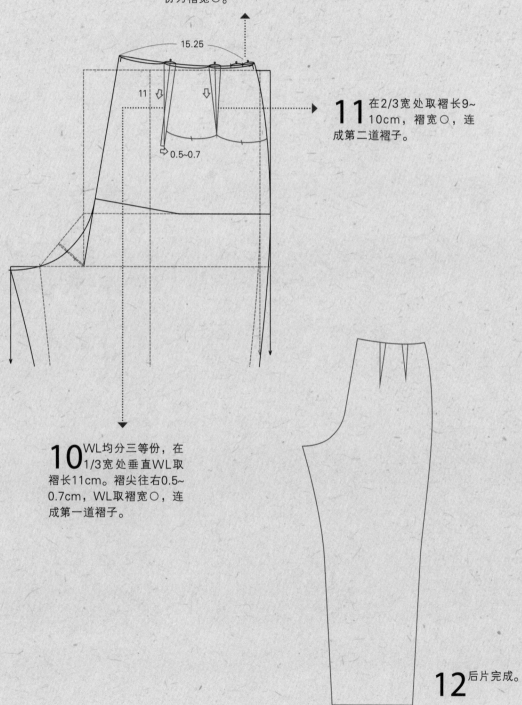

9 在WL上由中心往右取(W+1)/4−1=15.25，其余尺寸均分两等份为褶宽○。

11 在2/3宽处取褶长9~10cm，褶宽○，连成第二道褶子。

10 WL均分三等份，在1/3宽处垂直WL取褶长11cm。褶尖往右0.5~0.7cm，WL取褶宽○，连成第一道褶子。

12 后片完成。

●裁片缝份说明

- ▢ 衬布份
- ▢ 实版
- ▢ 缝份版
- -- 折双线
- ┃ 直布纹线
- ✕ 斜布纹线

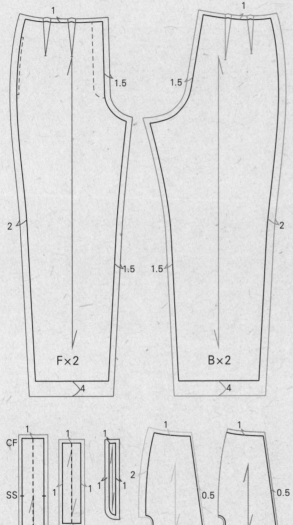

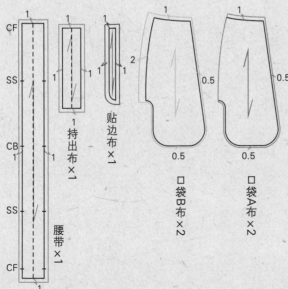

F×2

B×2

持出布×1

贴边布×1

腰带×1

□袋B布×2

□袋A布×2

B 缝制 How to make

材料说明

单幅用布：（裤长+缝份）×2

双幅用布：裤长+缝份

腰带衬约90cm

拉链1条

裤钩1副

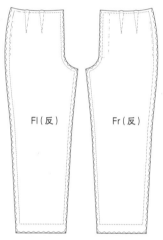

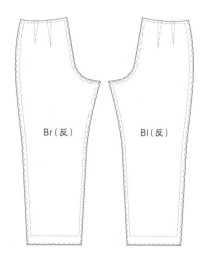

FI（反）　　Fr（反）　　　Br（反）　　　BI（反）

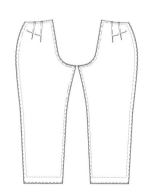

□袋Ar　□袋AI　□袋BI　□袋Br
（反）　（反）　（反）　（反）

1 依图示部位拷克。

2 前后片皆车缝尖褶，褶尖留线15～20cm，手缝针穿线，在褶尖打结，再缝制二三针，并将缝份倒向中心。（请参考P27）

0.2

F（正）　　　　Fr（正）

Fr（反）

3 取前开口拉链贴边布，先将贴边布中心线缝份修剪0.2cm。

4 将贴边布与裤身正面相对，车缝贴边布完成线。

5 贴边布翻到正面（倒向缝份），在贴边布与缝份上压缝0.1cm线。

6 使用熨斗烫裤裆，并整烫完成线，使贴边布推入不外露。

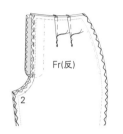

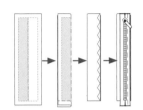

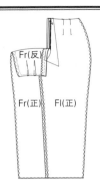

7 车缝左右前片裤子，从拉链止点至股下线上2cm。

8 将持出布正面反折车缝下方完成线，缝份修剪至0.5cm，翻至正面整烫后压缝0.1cm线，再将拉链置于持出布上车缝0.5cm线，固定。

9 右身片缝份烫出0.3cm，与持出布拉链车缝0.1cm线。

10 假缝固定左身片与右身片前中心开口。

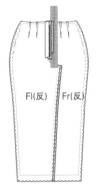

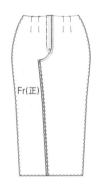

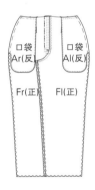

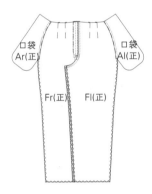

11 方格尺置于前片反面贴边布缝份下，将贴边布与拉链假缝后车缝0.5cm线固定。

12 从正面压缝2.5~3.5cm装饰线。

13 将口袋A布与前片正面相对车缝，车缝宽度为前片胁边缝份的1/2宽。

14 将口袋A布翻到正面（倒向缝份），整烫后在口袋布与缝份上压缝0.1cm线。

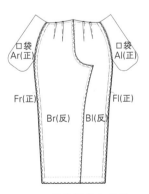

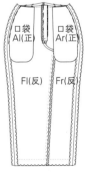

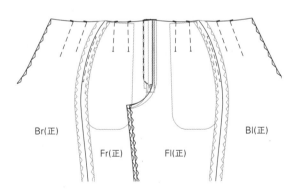

15 后片裤身与前片正面相对，车缝口袋口以上及以下的胁边线。

16 缝份烫开。

17 从正面压缝口袋口装饰线。

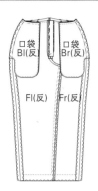

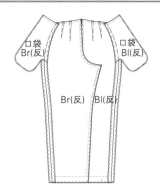

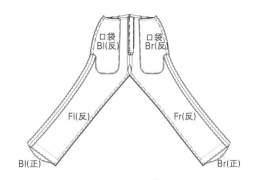

18 将口袋B布、口袋A布正面相对，对合后面缝份，车缝完成线。

Point | 只车缝口袋布B和后片缝份。

19 将口袋A、B布对合车缝0.5cm线，并将口袋A、B布拷克。

Point | 如之前没有拷克，现在可将口袋布A、B一起拷克，目的是减少厚度。

20 将前后裤身对合，车缝胁边线与股下线，缝份烫开。

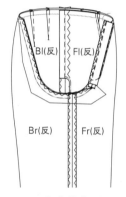

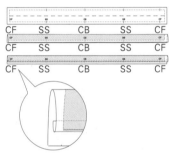

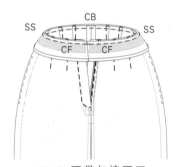

21 左右裤身对正，套入同一裤管内，车缝前后裤裆。

22 腰带对折烫，内侧（无贴衬边）反折烫，缝份约0.8cm。

23 腰带与裤腰正面相对，对合各处记号（CB、SS、CF）车缝。

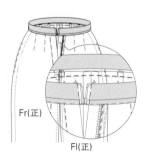

24 腰带前中心反面车缝I形，并修剪转角处缝份。（请参考P32）

25 腰带翻至正面与内侧假缝固定，从腰带正面落机车缝固定（压住）反面缝份。

26 千鸟缝固定裤口。

27 裤钩缝制，完成。

NO.3

五分反折裤

1.确认款式

五分反折裤。

2.量身

腰围、臀围、腰长、股上长、裤长。

3.打版

前片、后片、口袋(滚边布、贴边布、口袋布)、拉链(贴边布、持出布)、腰带。

4.补正纸型

前后片胁边腰围线和下摆线对合修正,股下线的裤裆线处对合修正。

5.整布

使经纬纱垂直,整烫布面。

6.排版

布面折双后先排前后片,再排腰带和口袋。

7.裁剪

前片2片、后片2片、拉链贴边布1片、持出布1片、腰带1片、口袋(滚边布1片、贴边布1片、口袋布1片)。

8.做记号

在完成线上做记号或做线钉(腰围线、胁边线、裤裆、股下线、下摆线、口袋)。

9.烫衬

口袋口位置(贴边布、滚边布)、拉链贴边布和持出布、腰带。

10.拷克机缝

前后片裤裆、股下线、胁边线、拉链贴边布。

●缝制顺序提示

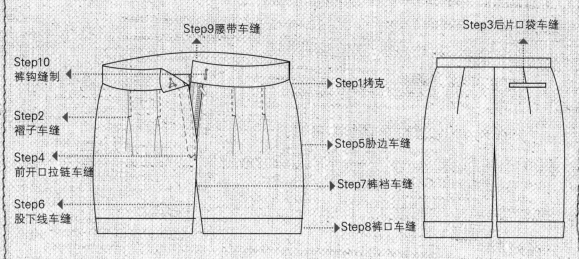

Step9腰带车缝

Step3后片口袋车缝

Step10 裤钩缝制

Step1拷克

Step2 褶子车缝

Step4 前开口拉链车缝

Step5胁边车缝

Step6 股下线车缝

Step7裤裆车缝

Step8裤口车缝

Ａ 版型制作 step by step

● 五分反折裤款式尺寸

基本尺寸（cm）
中号（M）尺寸参考
W（腰围）：64
H（臀围）：92
HL~WL（腰长）：19
BR（股上）：26

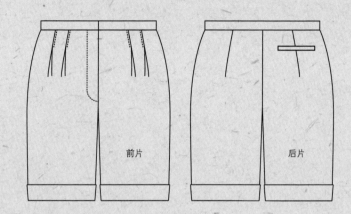

前片　　　　　　后片

版型重点
1.前片左右各两道活褶
2.后片左右各一道尖褶
3.后片右边单滚边口袋
4.前开拉链
5.中腰腰带
6.下摆反折

● 完整制图版型

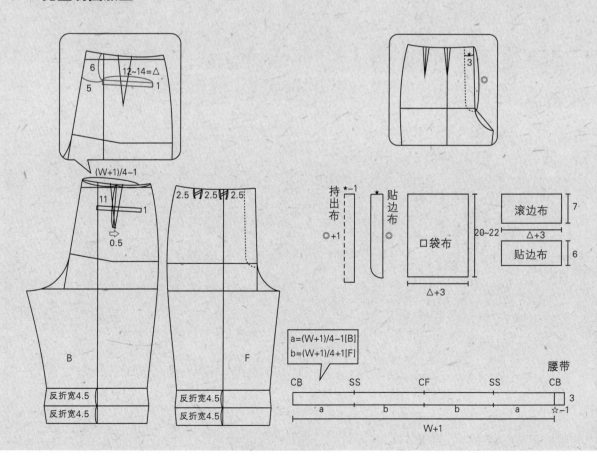

120

●版型制图步骤（前片）

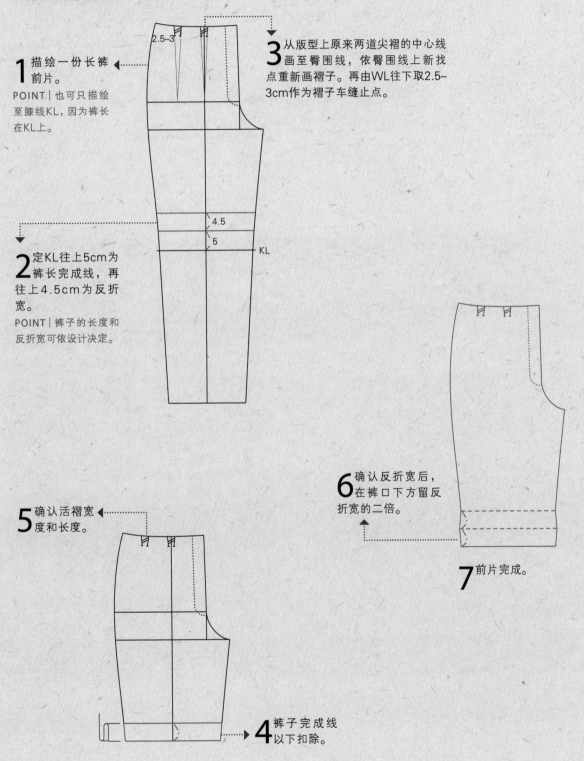

1 描绘一份长裤前片。

POINT｜也可只描绘至膝线KL，因为裤长在KL上。

2 定KL往上5cm为裤长完成线，再往上4.5cm为反折宽。

POINT｜裤子的长度和反折宽可依设计决定。

2.5~3

3 从版型上原来两道尖褶的中心线画至臀围线，依臀围线上新找点重新画褶子。再由WL往下取2.5~3cm作为褶子车缝止点。

4.5

5

KL

5 确认活褶宽度和长度。

6 确认反折宽后，在裤口下方留反折宽的二倍。

7 前片完成。

4 裤子完成线以下扣除。

●版型制图步骤（后片）

1 描绘一份基本型长裤后片。

POINT｜可只描绘至膝线 KL。

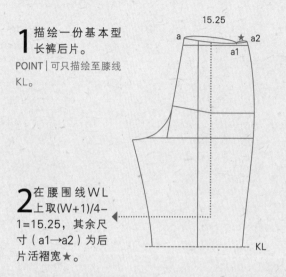

2 在腰围线 WL 上取 $(W+1)/4-1=15.25$，其余尺寸（a1→a2）为后片活褶宽★。

5 裤子完成线以下扣除。

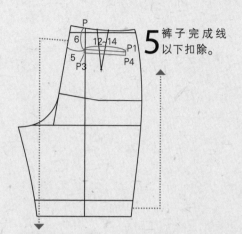

6 WL 下 6cm 和后中心往右 5cm 的交叉点为 p 点，p→p1 取的是口袋口长 12~14cm（此线段与腰围线平行），p3、p4 点则依口袋口宽 1cm 而画出。

POINT｜口袋大小可依款式设计而决定。

3 WL 均分为二等份，定 b 点；b 点垂直 WL 往下 11cm 定 b1，由 b 点向左右平均取褶宽★，定 b2、b3。b1 点往右 0.5cm 为 b4，连接 b2、b4，b3、b4，画出后片褶子。

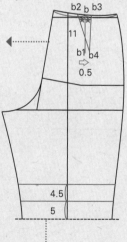

4 KL 上 5cm 为裤长完成线，再往上 4.5cm 为反折宽。

7 确认反折宽后，在裤口下方留反折宽的二倍。

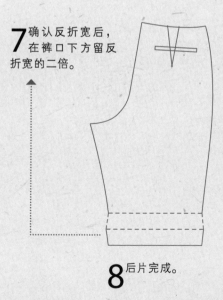

8 后片完成。

●裁片缝份说明

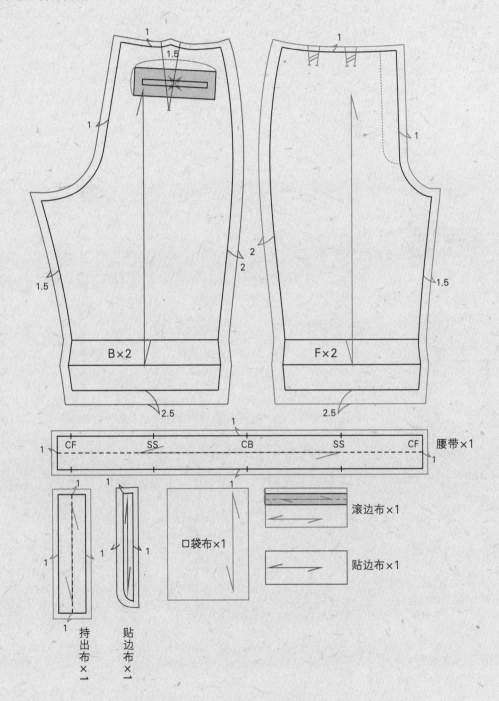

B 缝制 How to make

材料说明

单幅用布：（裤长+缝份）×2

双幅用布：裤长+缝份

腰带衬约90cm

拉链1条

裤钩1副

F(反) F(正)

1 拷克后，车缝褶子至止点，并将褶子倒向前中心整烫。

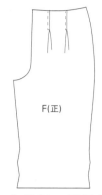

2 在褶子正面压缝0.5cm装饰线。

B(反)

3 车缝后片褶子，自腰围线缝份车缝至止点，褶尖不回针，留线15~20cm。手缝针穿线，在褶尖打结，再缝制二三针。（请参考P27）

滚边布(反)

4 滚边布缝份下烫衬。

滚边布(反)

B(正)

6 将滚边布对合裤子右后片口袋口下线，车缝完成线，缝份倒向下方。

POINT | 车缝长度为口袋口长。

滚边布(反)

B(正)

7 贴边布对合口袋口上线，车缝完成线，缝份倒向上方。

B(反)

8 贴边布与滚边布车缝的两道平行线呈现袋口长和宽，自中间往两边剪Y形至车缝止点。

滚边布(正)

5 再折烫出滚边完成宽。

B(正)

9 将贴边布与滚边布从剪开处翻至裤子反面，袋口正面烫出滚边布完成宽，假缝固定。

B(正) B(反)

滚边布(反)

10 掀起右后片，将缝份与滚边布车缝固定。

POINT | 不能车缝到贴边布。

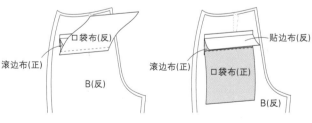

口袋布(反)

滚边布(正)

B(反)

贴边布(反)

滚边布(正)

口袋布(正)

B(反)

11 如图，口袋布与滚边布正面相对车缝1cm线。

12 口袋布翻到正面，缝份倒向口袋布，在口袋布与缝份上车缝0.1cm线。

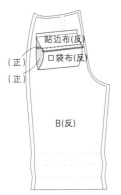

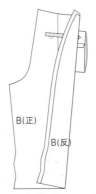

13 将口袋布从下方拉起，与贴边布车缝1cm线，缝份倒向口袋布。

14 车缝袋口两侧三角形布，来回车三次。

15 口袋两边缝合，车缝0.5~0.7cm线，再将三边缝份一起拷克固定。

16 车缝前片拉链，贴边布中心线缝份修剪0.2cm，与裤身正面相对，车缝贴边布完成线。贴边布翻到正面（倒向缝份），在贴边布与缝份上压0.1cm线。

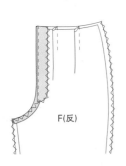

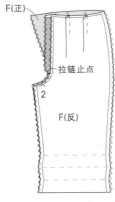

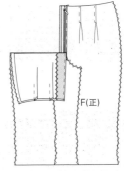

17 使用熨斗烫裤裆并整烫完成线，使贴边布推入不外露。

18 车缝左右前片裤子，从拉链止点至股下线上2cm处。

19 将持出布正面反折车缝下方完成线，缝份修剪至0.5cm，翻至正面整烫后压缝0.1cm线。

20 拉链置于持出布上车缝0.5cm线固定。

21 右身片缝份烫出0.3cm，与持出布拉链车缝0.1cm线。

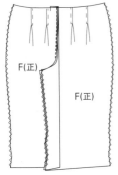

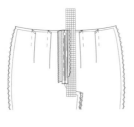

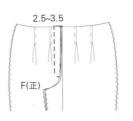

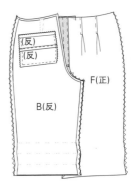

22 假缝固定左身片与右身片前中心开口。

23 将方格尺置于前片反面贴边布缝份下，将贴边布与拉链假缝后车缝0.5cm线固定。

24 从正面压缝2.5~3.5cm装饰线。

25 将前后裤身对合，车缝胁边线和股下线，缝份烫开。

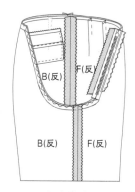

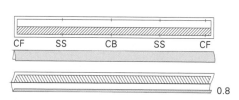

CF　　SS　　CB　　SS　　CF

0.8

F(正)

26 左右裤身正面相对，一条裤管套入另一条裤管内，车缝前后裤裆，缝份烫开。

27 车缝腰带，腰带未烫衬的部位缝份折烫约0.8cm。

POINT｜腰带对折后腰带衬会被盖住0.2cm。

28 腰带与裤腰正面相对，对合CF、SS、CB再假缝固定，车缝完成线外0.1cm（衬的厚度）。

F/B(反)

31 裤口处理，裤口反折份为反折宽二倍+缝份。

F/B(正)

29 将腰带往上翻起再反折，车缝I形，修剪转角处缝份后翻至正面。（请参考P32）

30 在腰带正面落机车缝，固定（压住）反面缝份。

32 整烫反折宽，内部缝份二折三层处理。

POINT｜二折三层处理：先折烫0.7~1cm，再折烫至完成线。

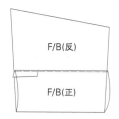

F/B(反)

F/B(正)

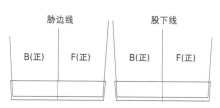

胁边线　　　　　　股下线

B(正)　F(正)　　B(正)　F(正)

33 将反折份往下拉，车缝缝份一圈。

34 将反折份往上整烫至完成线，在胁边线、股下线反折份上落机车缝。

35 缝制裤钩，完成。

NO.4

延伸型

六分束口低腰裤

1.确认款式
六分束口低腰裤。

2.量身
腰围、臀围、腰长、股上长、裤长、裤口长。

3.打版
前片、后片、口袋、拉链（贴边布、持出布）、腰带。

4.补正纸型
前后片胁边腰围线和下摆线对合修正，股下线之裤裆线对合修正，低腰腰带纸型对合。

5.整布
使经纬纱垂直，整烫布面。

6.排版
布面折双后先排前后片，再排腰带、束口布、口袋、持出布、贴布边。

7.裁剪
前片2片、后片2片、口袋A布2片、口袋B布2片、拉链贴边布1片、持出布1片、后腰带折双2片、前腰带左右片各2片。

8.做记号
在完成线上做记号或做线钉（腰围线、胁边线、裤裆、股下线、下摆线、口袋）。

9.烫衬
口袋口位置、拉链贴边布和持出布、束口布。

10.拷克机缝
前后片裤裆、股下线、胁边线，口袋布胁边、拉链贴边布。

●缝制顺序提示

Step10裤钩缝制 ◄
Step2尖褶车缝 ◄
Step3口袋车缝 ◄
Step5胁边车缝 ◄

▶Step9腰带车缝
▶Step1拷克
▶Step4前开口拉链车缝
▶Step7裤裆车缝
▶Step6股下线车缝
▶Step8裤口车缝

版型制作 step by step

●六分束口低腰裤款式尺寸

基本尺寸(cm)
中号(M)尺寸参考
W(腰围):64
H(臀围):92
HL~WL(腰长):19
BR(股上):26

版型重点

1. 前后片左右各一道活褶
2. 前片左右剪接式斜口袋
3. 前开拉链
4. 低腰腰带
5. 下摆抽皱束口

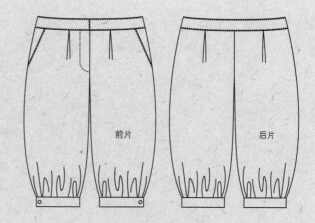

前片　后片

●完整制图版型

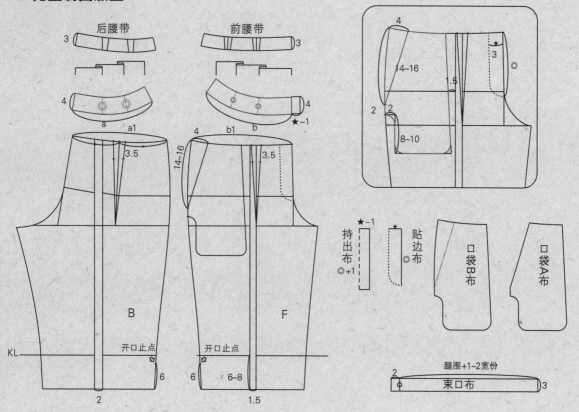

● 版型制图步骤（前片）

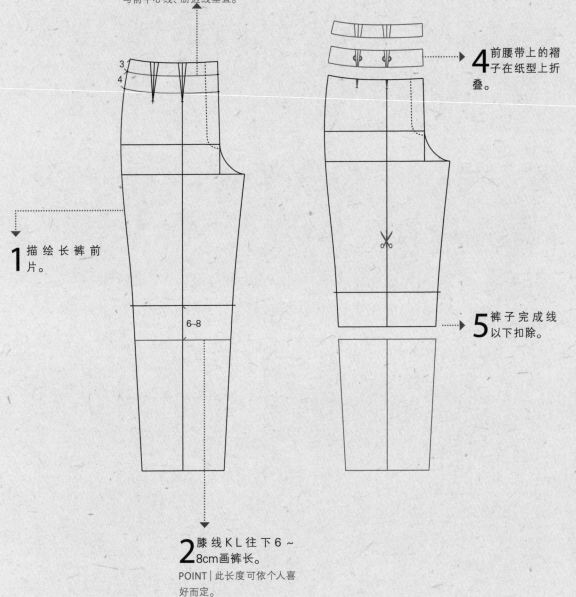

3 平行于腰围线WL往下取3cm，再往下取4cm为腰带宽。

POINT | 注意前腰带的上下腰线需与前中心线、胁边线垂直。

1 描绘长裤前片。

4 前腰带上的褶子在纸型上折叠。

5 裤子完成线以下扣除。

6-8

2 膝线KL往下6~8cm画裤长。

POINT | 此长度可依个人喜好而定。

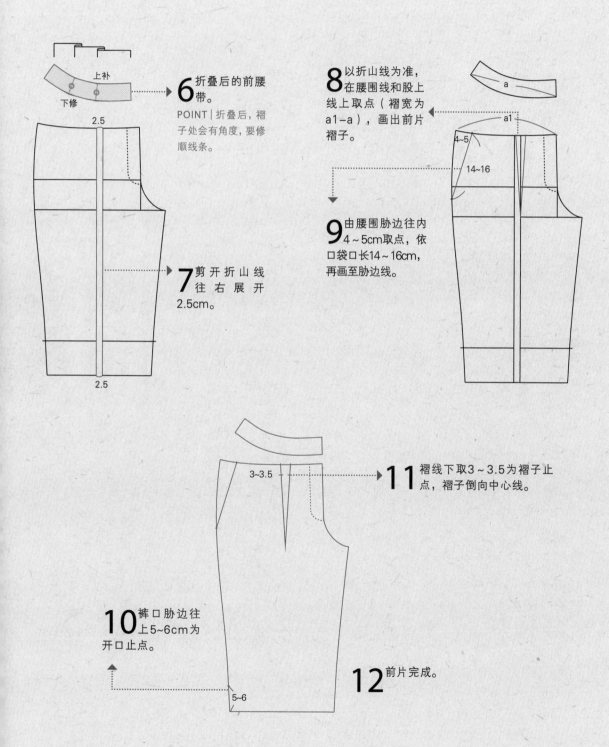

6 折叠后的前腰带。

POINT｜折叠后，褶子处会有角度，要修顺线条。

7 剪开折山线往右展开2.5cm。

8 以折山线为准，在腰围线和股上线上取点（褶宽为a1-a），画出前片褶子。

9 由腰围胁边往内4～5cm取点，依口袋口长14～16cm，再画至胁边线。

10 裤口胁边往上5～6cm为开口止点。

11 褶线下取3～3.5为褶子止点，褶子倒向中心线。

12 前片完成。

●版型制图步骤（后片）

3 平行于腰围线WL往下取3cm，再往下取4cm为腰带宽。

POINT│注意后腰带的上下腰线需与后中心线、胁边线垂直。

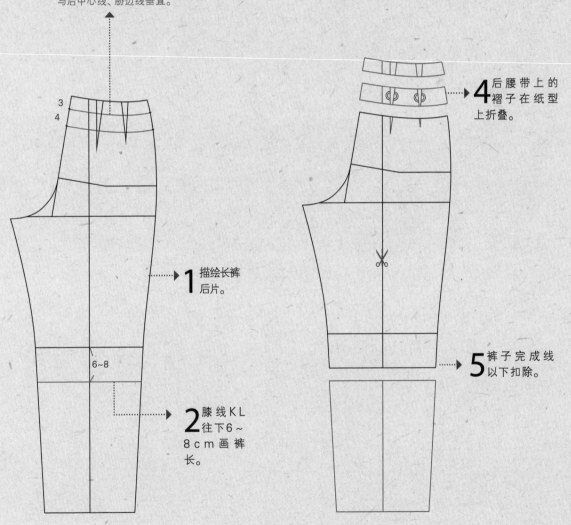

1 描绘长裤后片。

2 膝线KL往下6～8cm画裤长。

4 后腰带上的褶子在纸型上折叠。

5 裤子完成线以下扣除。

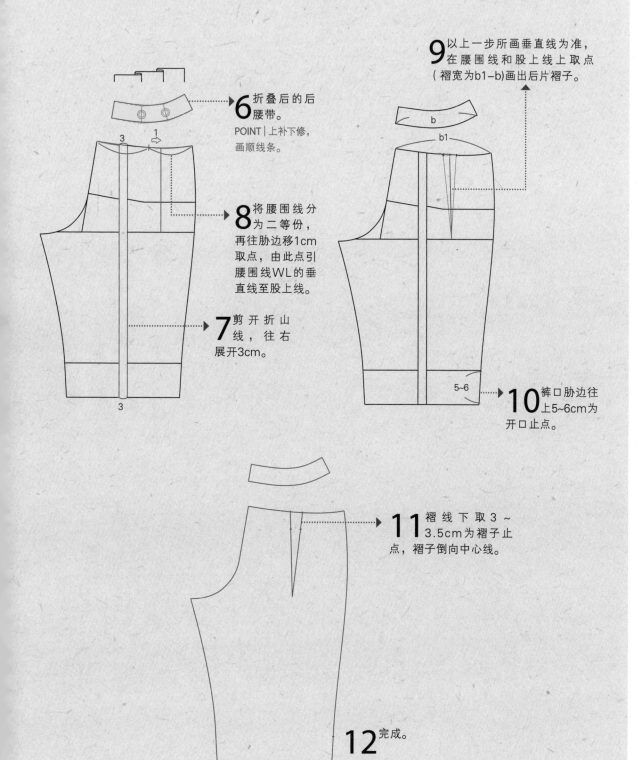

6 折叠后的后腰带。

POINT｜上补下修，画顺线条。

8 将腰围线分为二等份，再往胁边移1cm取点，由此点引腰围线WL的垂直线至股上线。

7 剪开折山线，往右展开3cm。

9 以上一步所画垂直线为准，在腰围线和股上线上取点（褶宽为b1–b)画出后片褶子。

b

b1

5~6

10 裤口胁边往上5~6cm为开口止点。

11 褶线下取3～3.5cm为褶子止点，褶子倒向中心线。

12 完成。

●裁片缝份说明

衬布份　　　实版

缝份版　　--折双线

直布纹线　╳斜布纹线

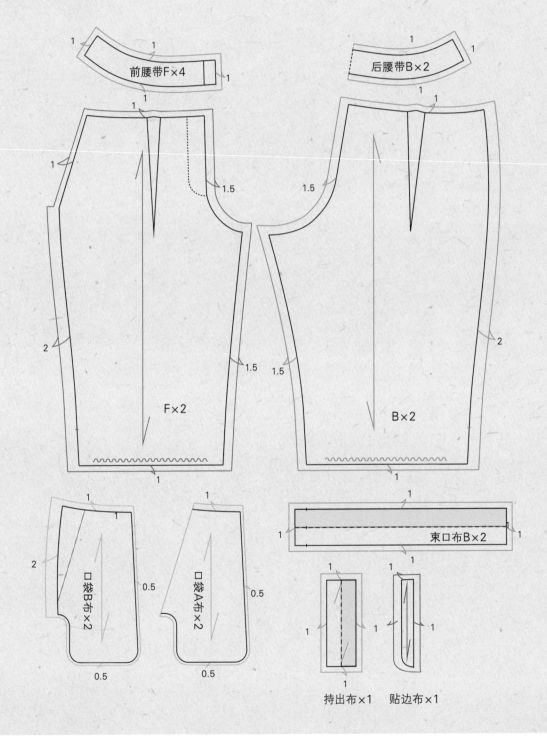

前腰带F×4

后腰带B×2

F×2

B×2

束口布B×2

口袋B布×2

口袋A布×2

持出布×1　　贴边布×1

B缝制How to make

材料说明

单幅用布:(裤长+缝份)×2

双幅用布:裤长+缝份

布衬约30cm

拉链1条

纽扣2颗

裤钩1副

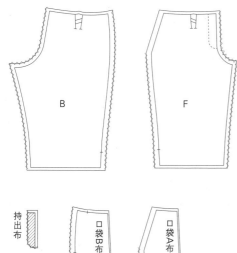

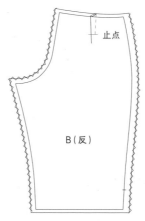

1 拷克。

2 车缝后片褶子至止点。褶子倒向中心线整烫。

3 正面压缝0.5cm装饰线。同法车缝前片褶子。

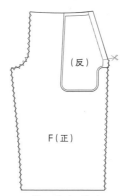

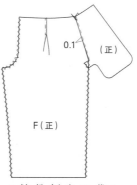

4 车缝前片口袋布,口袋A布缝份修剪0.2cm。

5 口袋A布与裤身正面相对车缝完成线,并剪牙口至止点。

6 缝份倒向口袋A布,整烫压缝0.1cm装饰线。

7 口袋A布翻至前片反面,由前片正面袋口压缝0.5cm装饰线。

8 口袋B布标记对合记号。

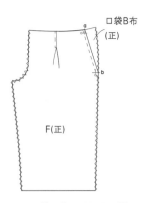

9 口袋B布正面置于前片口袋口下方，对合a、b点以珠针固定。

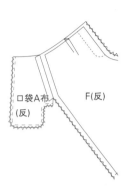

10 将前片翻起，车缝口袋A、B布周边0.5cm，并拷克。

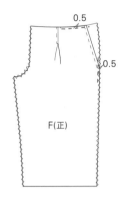

11 将前片、口袋A布、口袋B布三层车缝缝份0.5cm线固定。

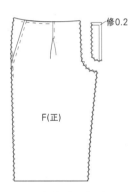

12 车缝前片拉链，贴边布中心线缝份修剪0.2cm。

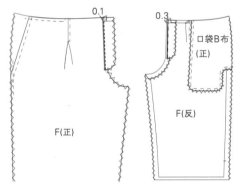
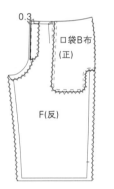

13 将贴边布与裤身正面相对，车缝贴边布完成线，贴边布翻到正面（倒向缝份），在贴边布与缝份上压缝0.1cm线。

14 使用熨斗烫裤裆并整烫完成线，使贴边布推入不外露。

15 车缝左右前片，从拉链止点至股下线上2cm处。

16 将持出布正面反折，车缝下方完成线。

17 缝份修剪至0.5cm，翻至正面整烫后压缝0.1cm线。

18 将拉链置于持出布上车缝0.5cm线固定。

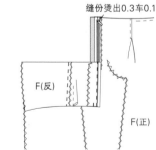

19 右身片缝份烫出0.3cm，与持出布拉链车缝0.1cm线。

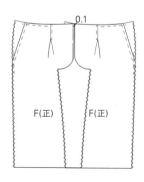

20 假缝固定左身片与右身片前中心开口。

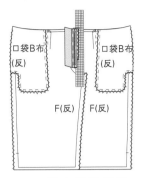

21 将方格尺置于前片反面贴边布缝份下，将贴边布与拉链假缝后车缝0.5cm线固定。

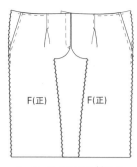

22 从正面压缝2.5~3.5cm装饰线。

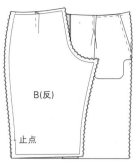

23 将前后裤身对合，车缝胁边线。

24 车缝前后股下线，缝份烫开。

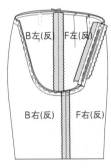

25 左右裤身正面相对，一条裤管套入另一条裤管内，车缝前后裤裆，缝份烫开。

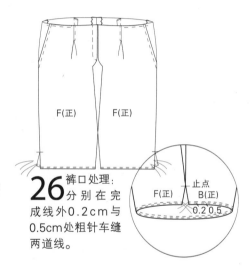

26 裤口处理：分别在完成线外0.2cm与0.5cm处粗针车缝两道线。

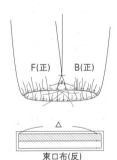

27 拉下线抽皱，整烫缝份（以安定缝份），裤口完成宽大致相当于束口布长度△。

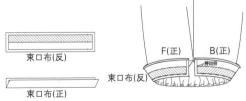

28 束口布缝份先折烫0.8cm，再对折熨烫。

29 将束口布与裤口正面相对，对合尺寸，持出份在后片开口处，车缝完成线外0.1cm。

30 将束口布反折，车缝I形和倒L形，缝份修小些，再翻至正面。

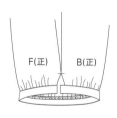

31 从正面落机车缝固定（压住）反面缝份。

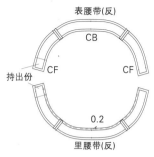

表腰带(反)

CB

持出份 CF   CF

0.2

里腰带(反)

里腰带(反)

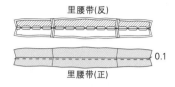

里腰带(反)

0.1

里腰带(正)

32 车缝腰带，将表、里腰带胁边各自缝合后缝份烫开。将里腰带缝份修剪0.2cm。

33 将表、里腰带正面相对，车缝里腰带完成线，剪牙口至完成线外0.2cm，缝份烫开。

34 在里腰带上车缝0.1cm线。

里腰带(正)

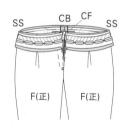

SS   CB CF   SS

F(正)   F(正)

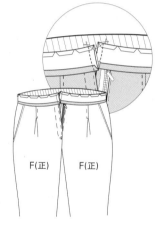

F(正)   F(正)

F(正)   F(正)

35 里腰带折烫约0.8cm。

POINT｜即盖住表腰带完成线外0.2cm。

36 表、里腰带与裤腰正面相对，对合CF、SS、CB处并假缝固定后，车缝完成线外0.1cm。

37 往上翻起腰带，将里腰带反折，车缝I形，修剪转角处缝份后翻至正面。（请参考P32）

38 在表腰带正面落机车缝，固定（压住）反面缝份。

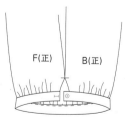

F(正)   B(正)

F(正)   F(正)

39 于束口布胁边开口处缝纽扣，开扣眼。

40 裤钩缝制，完成。

Part 5
女上装打版与制作

女上装基础版型——妇女原型版
基本型　V领背心
延伸型　半开襟背心裙
基本型　有领台衬衫
延伸型　泡泡袖洋装

女上装基础版型——妇女原型版

A 何谓原型版

上衣打版时，必须有一个基本的版型作为平面打版制图的基础，这个版型称为原型版。

原型版就是人体平面展开图加上基本放松量之后的版型；换句话说，就是将复杂的、立体的人体服装简化、平面化。只要掌握了应用原型版的方法，无论何种类别、何种造型的服装，从内衣到外套，从最紧身的到最宽松的，均可使用原型版来进行打版与设计。

一个好的原型版必须具备下列条件：制图的方法简单易记、合身度高、具备机能性。依照年龄、性别，服装原型版可分为女装、男装、童装等原型版；依据人体部位，原型版又可分为上装、下装等原型版。不过由于下装如裤子、裙子，通常只需有腰围及臀围尺寸就可进行打版、制图，因此服装打版时通常只使用上装的原型版。

B 原型版的制图

上装的原型版，是以胸围与背长尺寸推算而来的，胸围是人体上半身关键性的尺寸，因此以胸围推算各部位的尺寸与人体上半身的合身度较高，但由于各部位的尺寸不一定与胸围尺寸成严格的比例，所以推算出来的尺寸需加以增减变化，以便更精准。

因女装的衣身右片在上面，为方便绘制设计线，均以衣身右片为基础。

本书采用妇女原型版（请参考P7）作为女上装基础版型，以下为妇女原型版打版分解图：

●妇女原型版尺寸

基本尺寸（cm）
中号（M）尺寸参考
B（胸围）：82
BL（背长）：37
S（袖长）：54

前片　　　　后片

●完整制图版型

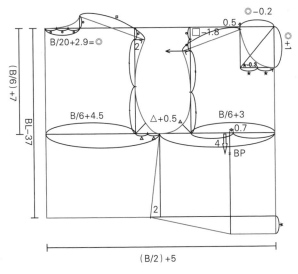

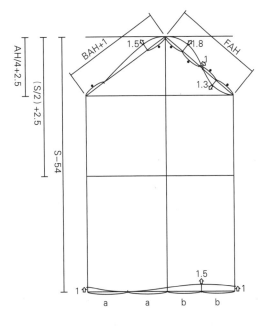

●版型制图步骤（前后身片）

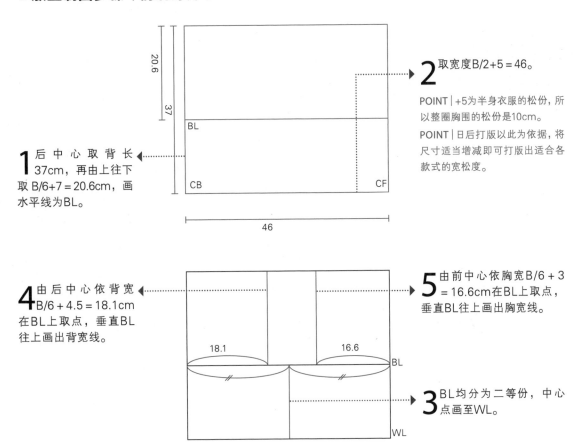

1 后中心取背长37cm，再由上往下取 B/6+7 = 20.6cm，画水平线为BL。

2 取宽度B/2+5 = 46。

POINT│+5为半身衣服的松份，所以整圈胸围的松份是10cm。

POINT│日后打版以此为依据，将尺寸适当增减即可打版出适合各款式的宽松度。

4 由后中心依背宽B/6 + 4.5 = 18.1cm在BL上取点，垂直BL往上画出背宽线。

5 由前中心依胸宽B/6 + 3 = 16.6cm在BL上取点，垂直BL往上画出胸宽线。

3 BL均分为二等份，中心点画至WL。

9 d1→d2取二倍○定点，由该点画其垂直线。再由c4取(□−1.8)至d3。

POINT│□为后肩线，□−1.8为前肩线，因为后背有肩胛骨，故后肩线以1.8cm作为缩份或尖褶份，使后背加立体感。

POINT│d1→d2为肩的斜度，斜肩体型斜度大，平肩体型斜度小，可以此做补正。

7 由b1垂直往下取一等份○，定b2。b2再往外2cm，定b3。直线连接a2→b3。

POINT│a2→b3为后肩线□。

6 取 (B/20+2.9) = 7(◎)，再均分为三等份，每份为○。由a1往上取一等份○，定a2，由a2画弧线至a3为后领围线。

POINT│◎为后领宽，a1→a2为后领深。

8 c→c1取◎−0.2 = 6.8cm，c→c2取◎+1 = 8cm。c1下降0.5定c4。c2→c3均分二等份，中心为c5，一等份为☆。由c3→c直线上取☆−0.3定c6。依c4→c6→c2画出前领围线。

POINT│c→c1为前领宽，c→c2为前领深。

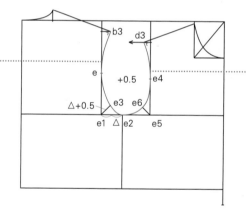

10 e1→e2均分二等份，一等份为△，由e1斜45°取△+0.5定e3，弧线连接b3→e→e3→e2。

11 自e5斜45°取△定e6，弧线连接d3→e4→e6→e2。

POINT│b3→e→e3→e2为后袖窿（BAH），d3→e4→e6→e2为前袖窿（FAH）。前后袖窿线须与肩线垂直，袖窿下方呈U形。

14 由g往下取☆定g1，BP往下画延长线，由g1画线垂直于BP延长线，相交于g2。连接g2→f1。

POINT│☆为前垂份，因为胸部高挺的关系，故有此份量。

12 在BL上将胸宽均分为二等份，由均分点往左0.7cm再下降4cm，即乳尖点(BP)。

13 将f往左2cm定f1，连接e2→f1，为胁边线。

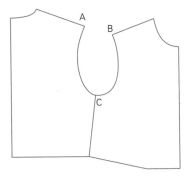

15 前后身片完成。

上衣原型版完成后的袖窿尺寸

FAH(前袖窿)-19.5（B~C）	
BAH(后袖窿)-20.5（A~C）	
AH(总袖窿)-40（A~B）	

●版型制图步骤（袖片）

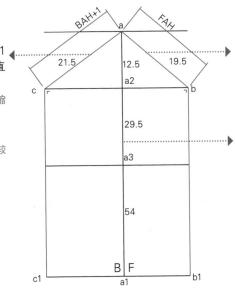

3 自a点往袖宽线取BAH+1 =21.5cm，定c点。垂直往下画至袖口线，定c1。

POINT│BAH+1，+1为后袖窿的缩份。

POINT│袖山高较高，袖宽较窄，属合身袖型；袖山高较低，袖宽较宽，属于宽松袖型。

2 自a点往袖宽线取FAH=19.5cm，定b点。垂直往下画至袖口线，定b1。

1 由a→a1取袖长54cm；a→a2取袖山高(AH/4+2.5)=12.5cm，画袖宽线。a→a3取S/2+2.5=29.5cm，画手肘线(EL)。

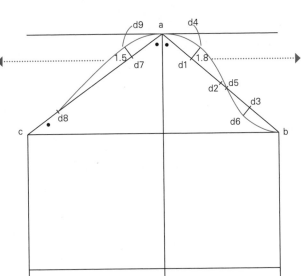

5 自a→d7取一等份●，c→d8取一等份●；d7垂直往外取1.5cm，定d9；弧线连接a→d9→d8，即为后袖窿。

POINT│注意弧线画好后a点左右要平滑，勿呈尖角。

4 将a→b均分四等份，每等份为●，定d1、d2、d3；由d1垂直往外1.8cm，定d4；d2往下1cm，定d5；d3垂直往内1.3cm，定d6；弧线连接a→d4→d5→d6→b，即为前袖窿。

6 将a1→b1均分
二等份，中心
点为e1；将a1~c1
均分二等份，中
心点为e2；b1往
上1cm定b2，c1
往上1cm定c2；
由e1往上1.5cm
定e3；弧线连接
b2→e3→e2→c2，
即为袖口线。

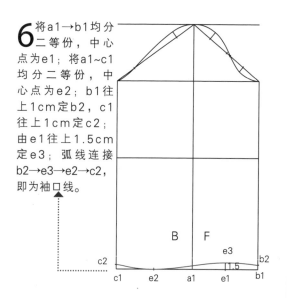

●对合记号

A~B=AH（袖窿）

A~C=BAH（后袖窿）

B~C=FAH（前袖窿）

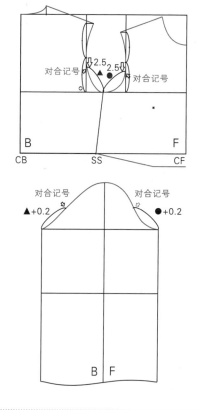

C 余量与分割

绘制人体上身的原型版时，虽已在胸围尺寸上加了必要的松份，但由于人体上身有胸部和肩胛骨的突出部分与腰部的凹陷部分，如果仅以平面图尺寸来制作将会产生余量，使原型版无法符合人体的线条，因此必须将余量利用褶子的分割来转移调整，使原型版达到合身的目的。

下图为上衣原型合身版，后片肩线有一道肩褶，前后片腰部各有一道腰褶。

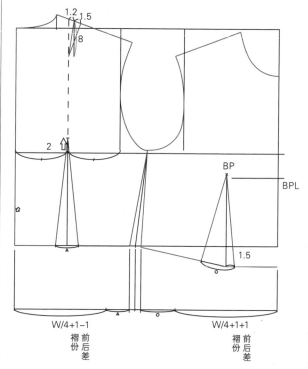

配合设计的褶子处理法

褶子的目的是要使打版合身，所以褶子必须依照设计的款式需求、使用的布料特性、布料图案等条件，设置于会产生良好效果的部位。以上装来说，处理的重点通常是前衣身的胸褶，当然后衣身、袖子上也常需要做褶子。

D 褶子转移

1. 胸褶名称与位置

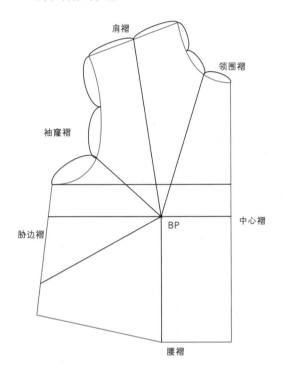

肩褶
领围褶
袖窿褶
胁边褶
中心褶
BP
腰褶

2. 褶子转移的方法

褶子转移的方法有两种：压BP（乳尖点）转移法和折叠剪开法。一般单褶转移适用压BP转移法，操作简单；而多道褶转移适用折叠剪开法，可以适当分配不同褶子的分量。基本上任何褶子转移皆可使用这两种方式操作，下面介绍几种较简单且常用到的褶子配置图。

(1)压BP转移法

a 袖窿褶

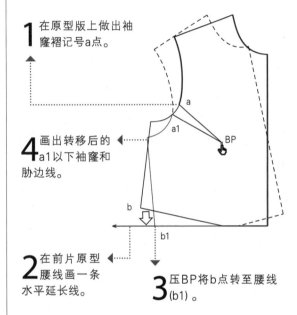

1 在原型版上做出袖窿褶记号a点。

4 画出转移后的a1以下袖窿和胁边线。

2 在前片原型腰线画一条水平延长线。

3 压BP将b点转至腰线(b1)。

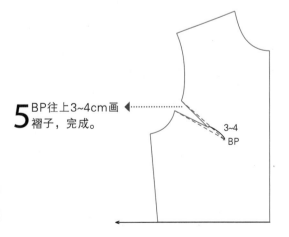

5 BP往上3~4cm画褶子，完成。

3~4
BP

b 肩褶

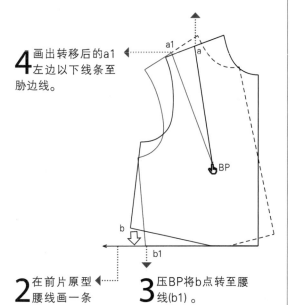

1 在原型版上做出肩褶记号a点。

2 在前片原型腰线画一条水平延长线。

3 压BP将b点转至腰线(b1)。

4 画出转移后的a1左边以下线条至胁边线。

5 BP往上6~7cm画褶子，完成。

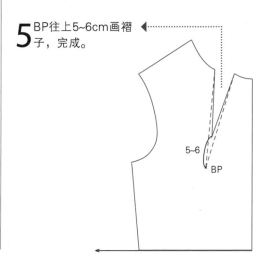

c 领围褶

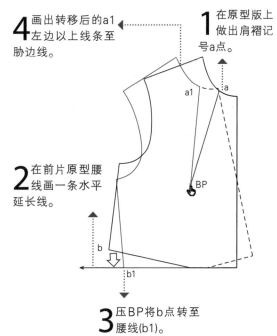

1 在原型版上做出肩褶记号a点。

2 在前片原型腰线画一条水平延长线。

3 压BP将b点转至腰线(b1)。

4 画出转移后的a1左边以上线条至胁边线。

5 BP往上5~6cm画褶子，完成。

d 胁边褶

1 在原型版上做出胁边褶记号a点。

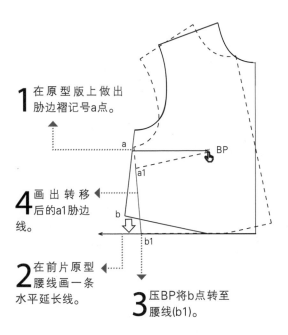

4 画出转移后的a1胁边线。

2 在前片原型腰线画一条水平延长线。

3 压BP将b点转至腰线(b1)。

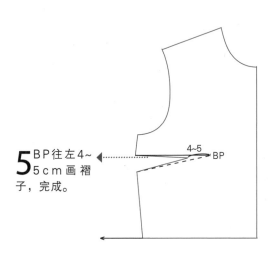

5 BP往左4~5cm画褶子，完成。

(2)折叠剪开法
a 中心褶

3 BP画水平线至前中心b点，标画剪开记号。

1 描一份前片。

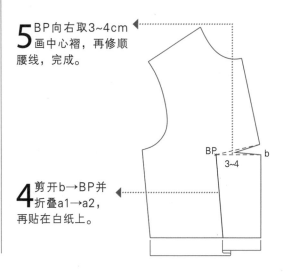

2 自BP画垂直线至腰围线交于a点，该线与前中心线平行；a→a1取1.4cm，a→a2取2cm，画褶子至BP。

POINT│a1~a2为褶子宽度，褶子宽度影响腰围的合身度。

5 BP向右取3~4cm画中心褶，再修顺腰线，完成。

4 剪开b→BP并折叠a1→a2，再贴在白纸上。

b 领围两道褶

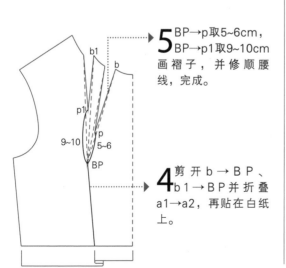

3 领围线1/3处定b点，b→b1取3cm，将b与b1分别连线至BP，标画剪开记号。

1 描一份前片。

2 自BP画垂直线至腰围线交于a点，该线与前中心线平行；a→a1取1.4cm，a→a2取2cm，画褶子至BP。

5 BP→p取5~6cm，BP→p1取9~10cm画褶子，并修顺腰线，完成。

4 剪开b→BP、b1→BP并折叠a1→a2，再贴在白纸上。

c 肩线两道活褶

3 肩线均分三等份定b和b1点，将b与b1分别连线至BP，标画剪开记号。

1 描一份前片。

2 自BP画垂直线至腰围线交于a点，该线与前中心线平行；a→a1取1.4cm，a→a2取2cm，画褶子至BP。

5 将所打开的活褶分量自肩线往下取3cm画活褶倒向(倒向袖窿)，再修顺腰线，完成。

4 剪开b→BP、b1→BP并折叠a1→a2，再贴在白纸上。

NO.1

V领背心

Preview

1.确认款式
V领背心。

2.量身
备妇女原型版、衣长。

3.打版
前片、后片、口袋、前后贴边、袖窿滚边。

4.补正纸型
前后肩线对合（修正领围和袖窿）、前后胁边对合（修正袖窿和下摆）。

5.整布
使经纬纱垂直，整烫布面。

6.排版
布面折双后先排前后片，再排口袋、贴边和滚边布。

7.裁剪
前片1片、后片1片、前贴边布1片、后贴边布1片、袖窿滚边布2片、口袋布2片

8.做记号
在完成线上做记号或做线钉（领围线、肩线、袖窿线、胁边线、下摆线、口袋）。

9.烫衬
前后贴边布、口袋口。

10.拷克机缝
肩线、胁边、口袋、贴边。

● 缝制顺序提示

step4肩线车缝

step5领口和贴边车缝◀

step6袖窿滚边车缝◀

step2褶子车缝

step1拷克◀

step7胁边车缝

step3口袋车缝◀

step8下摆车缝

A 版型制作 step by step

●V领背心款式尺寸

基本尺寸（cm）
中号（M）尺寸参考
妇女原型版
H（臀围）：92
HL~WL（腰长）：19
衣长：WL以下30

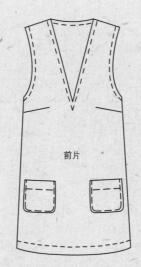
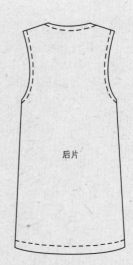

前片   后片

版型重点
1.无领无袖
2.前片V领
3.前片左右贴式口袋

●完整制图版型

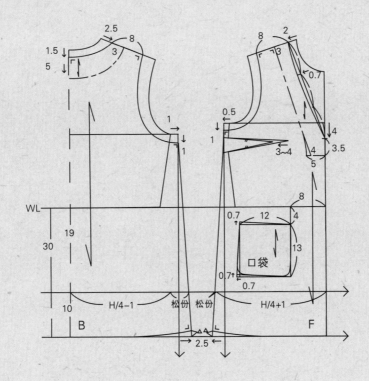

●版型制图步骤(前片)

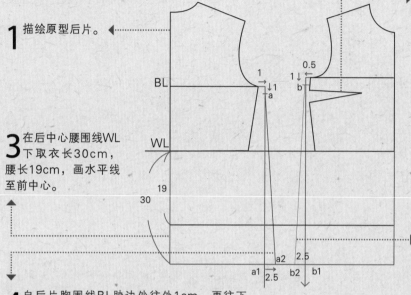

1 描绘原型后片。

2 将褶子转移至胁边线（参考P147）。

3 在后中心腰围线WL下取衣长30cm，腰长19cm，画水平线至前中心。

4 自后片胸围线BL胁边处往外1cm，再往下1cm定a。由a直线往下至下摆定a1，a1→a2取2.5cm，连接a→a2，即为后胁边线。

POINT｜BL胁边往外的尺寸，会影响衣服的宽松度，往下的尺寸会影响袖窿的深度；a1→a2的尺寸会影响下摆的宽度。可依据设计来决定所有尺寸。

5 自前片胸围线BL胁边处往外0.5cm、往下1cm定b。由b直线往下至下摆定b1，b1→b2取2.5cm，连接b→b2，即为前胁边线。

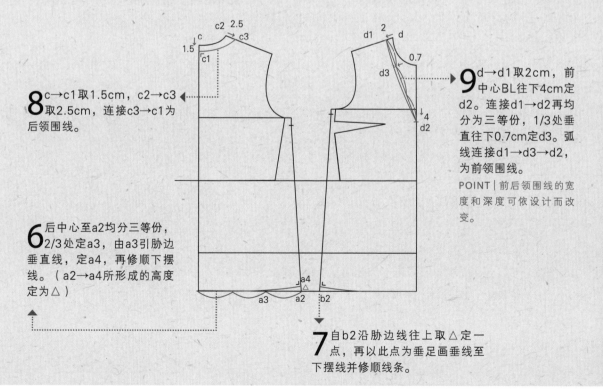

8 c→c1取1.5cm，c2→c3取2.5cm，连接c3→c1为后领围线。

6 后中心至a2均分三等份，2/3处定a3，由a3引胁边垂直线，定a4，再修顺下摆线。（a2→a4所形成的高度定为△）

7 自b2沿胁边线往上取△定一点，再以此点为垂足画垂线至下摆线并修顺线条。

9 d→d1取2cm，前中心BL往下4cm定d2。连接d1→d2再均分为三等份，1/3处垂直往下0.7cm定d3。弧线连接d1→d3→d2，为前领围线。

POINT｜前后领围线的宽度和深度可依设计而改变。

152

10 c3→e取肩宽8cm，弧线连接e→a，即为后袖窿(BAH)。

11 d1→f取肩宽8cm，弧线连接f→b，即为前袖窿(FAH)。

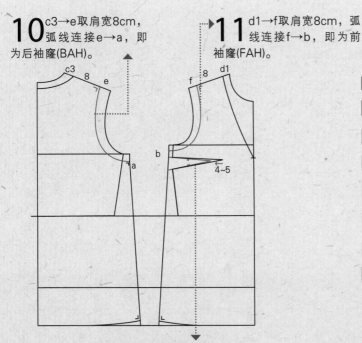

12 由乳尖点BP往左4~5cm，画胸褶至胁边线。

POINT | 注意前胁边线扣除褶子后的长度，要与后胁边线一样长。

14 c1→c5取5cm，c3→c4取3cm，弧线连接c4→c5，即后领口贴边线。

15 d1→d4取3cm，d2→d5取3.5cm，d5→d6取5cm，连接d4→d6，即前领口贴边线。

POINT | 贴边线要与肩线、前后中心线垂直。

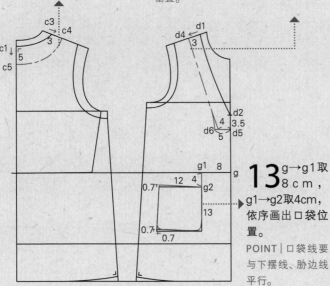

13 g→g1取8cm，g1→g2取4cm，依序画出口袋位置。

POINT | 口袋线要与下摆线、胁边线平行。

16 完成。

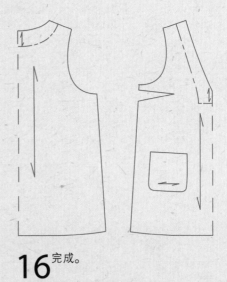

● **裁片缝份说明**

▢ 衬布份　　　▢ 实版
▢ 缝份版　　　-- 折双线
　直布纹线　　✕ 斜布纹线

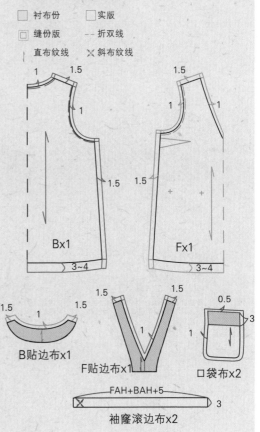

Bx1

Fx1

B贴边布x1

F贴边布x1

口袋布x2

FAH+BAH+5

袖窿滚边布x2

B缝制How to make

材料说明
单幅用布:(衣长+缝份)×2
双幅用布:衣长+缝份

F(反)　　B(反)

B贴边

F贴边

1 依图示部位拷克、贴衬。

回针

15~20

F(反)

3 褶尖留线15~20cm。

F(反)

2 车缝褶子,折烫褶子中心,丝针固定车缝。

F(反)

4 手缝针穿线,在褶尖打结再缝制二三针(请参考P27)。缝份倒向下面。

口袋(反)

5 车缝口袋,口袋口缝份往内折0.5cm,再折烫完成线车缝0.1cm线。

口袋(反)

6 口袋底两端烫缩,口袋两侧和口袋底缝份向内折烫完成线。

F(正)

0.1　　2.5

口袋(正)

7 将口袋置于F片正面口袋位置,假缝后车缝0.1cm线固定。

B(正)

F(反)

8 缝合肩线。F片和B片正面相对,车缝肩线,缝份烫开。

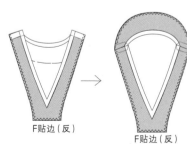

F贴边(反)　　F贴边(反)

9 F贴边和B贴边接合方法和肩线缝法相同。

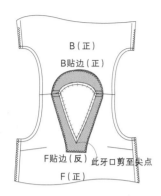

10 贴边缝份修0.2cm后置于领口上，车缝贴边完成线。领口缝份剪牙口。

POINT | 约剪至完成线外0.2cm，弯曲度越大牙口间距越小。前中心V字剪至尖点。

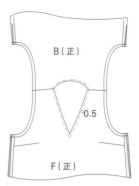

11 将贴边布翻至反面，从领口正面压缝0.5cm装饰线。

POINT | 贴边布往内整烫，直至从正面看不见贴边布。

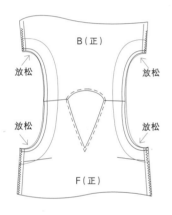

12 车缝袖窿滚边布，先将滚边布折烫三等份，再与衣身正面相对放置。

POINT | 袖下因弯曲度大，故滚边布要放松车缝。

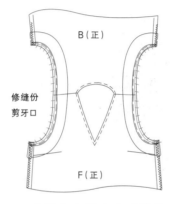

13 车缝衣身袖窿完成线外0.2cm，修剪缝份至剩下0.5~0.7cm，剪牙口。

14 将F片和B片正面相对，滚边布往上翻（立起），对合记号后自滚边布车缝至下摆，缝份烫开。

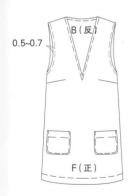

15 将滚边布折入整烫，假缝固定滚边布后，正面压缝0.5cm装饰线。

POINT | 正面袖窿车缝0.5~0.7cm装饰线，故反面滚边布宽度应为0.7~0.9cm，即超出装饰线0.2cm，这样从正面压线才能固定（压住）反面缝份。

16 下摆缝份以二折三层法车缝（先折烫0.5~0.7cm再折烫至完成线），完成。

NO.2

半开襟背心裙

Preview

1.确认款式
半开襟背心裙。

2.量身
备妇女原型版、衣长。

3.打版
前片、后片、前后贴边、袖窿滚边。

4.补正纸型
前后肩线对合（修正领围和袖窿）、前后胁边对
合（修正袖窿和下摆）。

5.整布
使经纬纱垂直，整烫布面。

6.排版
布面折双后先排前后片上衣，再排前后片裙子、
前后贴边和滚边布。

7.裁剪
前片上衣1片、后片上衣1片、前片裙子1片、后片
裙子1片、前贴边布2片、后贴边布1片、袖窿滚边
布2片。

8.做记号
在完成线上做记号或做线钉（领围线、肩线、袖窿
线、胁边线、下摆线、口袋）。

9.烫衬
前后贴边布、前门襟布。

10.拷克机缝
上衣肩线、胁边、裙摆、贴边。

● 缝制顺序提示

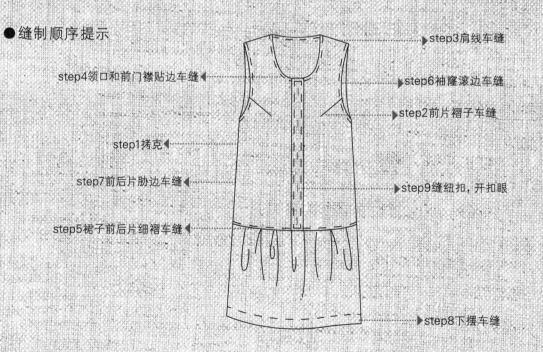

step4领口和前门襟贴边车缝◀

step1拷克◀

step7前后片胁边车缝◀

step5裙子前后片细褶车缝◀

▶step3肩线车缝

▶step6袖窿滚边车缝

▶step2前片褶子车缝

▶step9缝纽扣，开扣眼

▶step8下摆车缝

A 版型制作 step by step

●半开襟背心裙款式尺寸

基本尺寸（cm）
中号（M）尺寸参考
妇女原型版
H（臀围）：92
衣长：WL以下40

版型重点
1.无领无袖
2.前片半开襟
3.前后片低腰接细褶裙

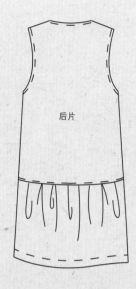

前片 　　　后片

●完整制图版型

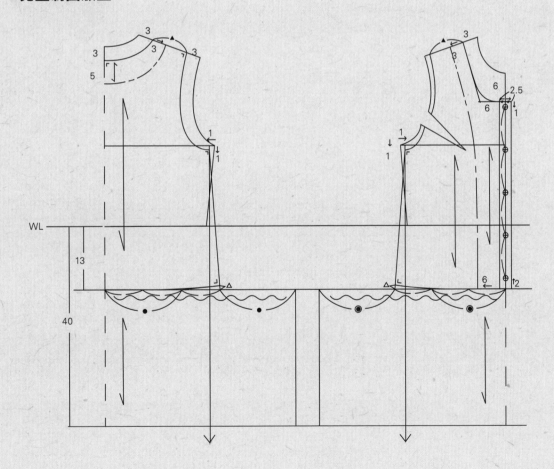

●版型制图步骤

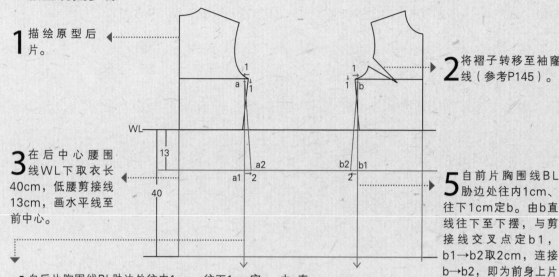

1 描绘原型后片。

2 将褶子转移至袖窿线（参考P145）。

3 在后中心腰围线WL下取衣长40cm，低腰剪接线13cm，画水平线至前中心。

5 自前片胸围线BL胁边处往内1cm、往下1cm定b。由b直线往下至下摆，与剪接线交叉点定b1，b1→b2取2cm，连接b→b2，即为前身上片胁边线。

4 自后片胸围线BL胁边处往内1cm、往下1cm定a。由a直线往下至下摆，与剪接线交叉点定a1，a1→a2取2cm，连接a→a2，即为后身上片胁边线。

POINT｜BL胁边往内的尺寸，会影响衣服的紧身度，往下的尺寸会影响袖窿的深度。可依据设计来决定所有尺寸。

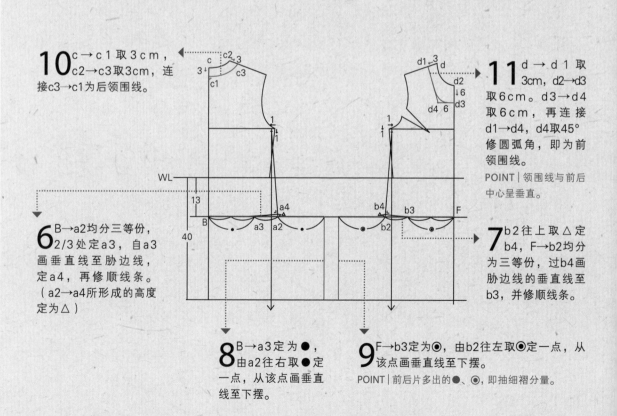

10 c→c1取3cm，c2→c3取3cm，连接c3→c1为后领围线。

11 d→d1取3cm，d2→d3取6cm。d3→d4取6cm，再连接d1→d4，d4取45°修圆弧角，即为前领围线。

POINT｜领围线与前后中心呈垂直。

6 B→a2均分三等份，2/3处定a3，自a3画垂直线至胁边线，定a4，再修顺线条。（a2→a4所形成的高度定为△）

7 b2往上取△定b4，F→b2均分为三等份，过b4画胁边线的垂直线至b3，并修顺线条。

8 B→a3定为●，由a2往左取●定一点，从该点画垂直线至下摆。

9 F→b3定为◉，由b2往左取◉定一点，从该点画垂直线至下摆。

POINT｜前后片多出的●、◉，即抽细褶分量。

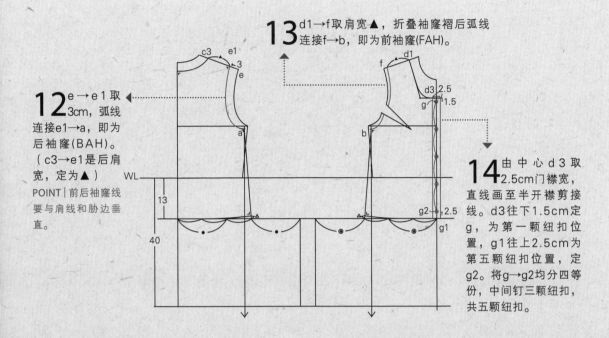

13 d1→f取肩宽▲，折叠袖窿褶后弧线连接f→b，即为前袖窿(FAH)。

12 e→e1取3cm，弧线连接e1→a，即为后袖窿(BAH)。（c3→e1是后肩宽，定为▲）
POINT│前后袖窿线要与肩线和胁边垂直。

14 由中心d3取2.5cm门襟宽，直线画至半开襟剪接线。d3往下1.5cm定g，为第一颗纽扣位置，g1往上2.5cm为第五颗纽扣位置，定g2。将g→g2均分四等份，中间钉三颗纽扣，共五颗纽扣。

15 c1→c5取5cm，c3→c4取3cm，弧线连接c4→c5，即为后领口贴边线。

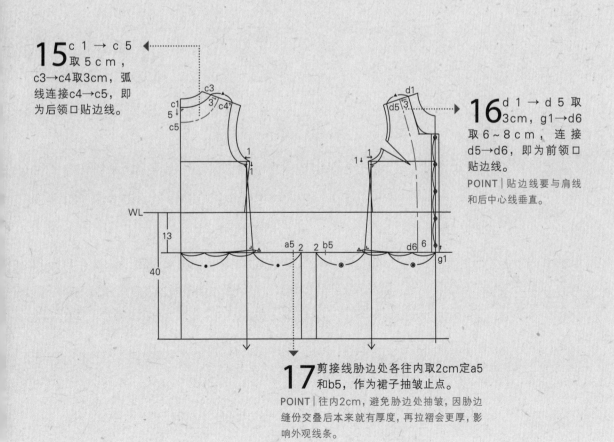

16 d1→d5取3cm，g1→d6取6~8cm，连接d5→d6，即为前领口贴边线。
POINT│贴边线要与肩线和后中心线垂直。

17 剪接线胁边处各往内取2cm定a5和b5，作为裙子抽皱止点。
POINT│往内2cm，避免胁边处抽皱，因胁边缝份交叠后本来就有厚度，再拉褶会更厚，影响外观线条。

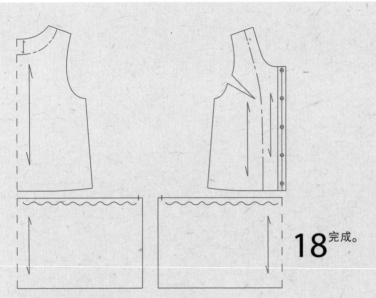

18 完成。

●裁片缝份说明

▨ 衬布份	□ 实版
□ 缝份版	-- 折双线
ꟾ 直布纹线	✕ 斜布纹线

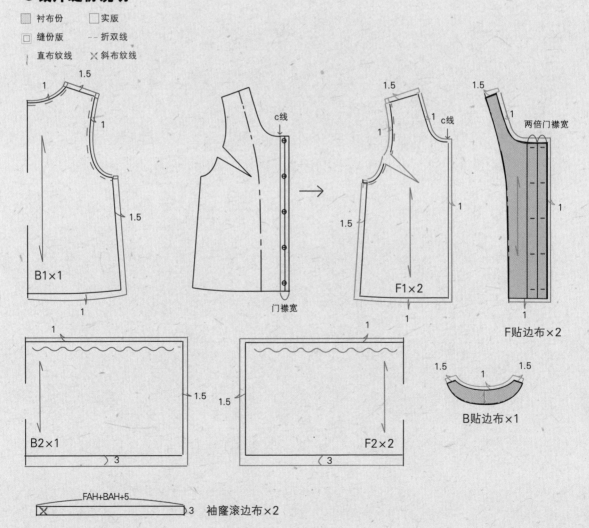

B 缝制How to make

材料说明

单幅用布:（衣长+缝份）×2

双幅用布: 衣长+缝份

布衬约90cm

纽扣5颗

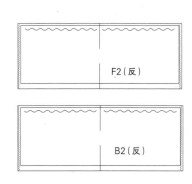

1 依图示部位拷克、贴衬。

2 车缝褶子，先以丝针固定褶子，车缝后褶尖留线15~20cm。

3 手缝针穿线，在褶尖打结再缝制二三针（请参考P27）。缝份倒向下面。

4 F1和B1正面相对，车缝肩线，缝份烫开。

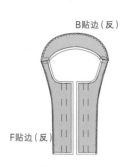

5 F贴边和B贴边正面相对接合，缝法同肩线，缝份烫开。

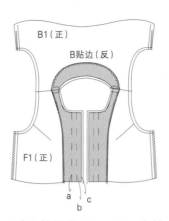

6 贴边缝份修0.2cm后，车缝前中心与贴边完成线，缝份修小。

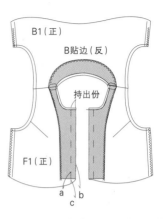

7 以b线为中心，a线和c线重叠，将持出份折烫出重叠份。

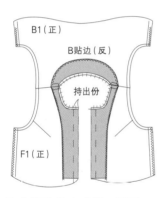

8 车缝贴边完成线，剪牙口，修缝份。

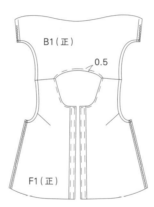

9 将贴边布翻至衣身背面，门襟与领口压缝0.5cm装饰线。

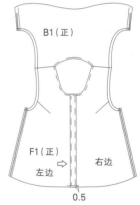

10 左盖右，底端车缝0.5cm固定。

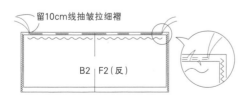

11 在F2和B2上方完成线外0.2和0.5处粗针车缝两道线，留10cm线抽皱拉细褶。

12 抽皱拉细褶至与前后片上衣下摆等宽。

POINT | 细褶位置确认后，用熨斗压烫缝份，使之安定。

13 F1与F2、B1与B2正面相对车缝完成线，再拷克。

14 缝份倒向上衣，再从正面压缝0.1cm线。

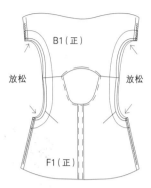

15 将滚边布折烫三等份，与衣身正面相对放置，近袖下因弯曲度大，将滚边布放松。

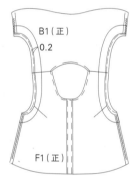

16 车缝衣身袖窿完成线外0.1cm。

17 修剪缝份至剩下0.5~0.7cm，剪牙口，滚边布往上翻（立起），衣身正面相对，对合胁边完成线车缝。

18 将滚边布折入整烫，假缝固定滚边布后，正面压缝0.5cm装饰线。

POINT | 注意反面滚边布宽度应为0.7cm，即超出正面装饰线0.2cm，这样从正面压线才能固定（压住）缝份。

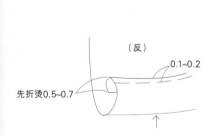

19 下摆缝份以二折三层法车缝。

20 开扣眼，缝纽扣。

21 完成。

NO.3

有领台衬衫

Preview

1.确认款式
有领台衬衫。

2.量身
备妇女原型版、衣长、袖长。

3.打版
前片、后片、领子、袖子、袖口布、袖开口布。

4.补正纸型
前后肩线对合（修正领围和袖窿）、前后胁边对合
（修正袖窿和下摆）、袖子袖下线。

5.整布
使经纬纱垂直，整烫布面。

6.排版
布面折双后先排前后片，再排袖子、过肩布、领
子、口袋和袖开口布。

7.裁剪
前片2片、后片1片、后片过肩（YOKE）布2片、领
台2片、领片2片、袖子2片、袖口布2片、袖开口A
布2片、袖开口B布2片。

8.做记号
在完成线上做记号或做线钉（领围线、肩线、袖窿
线、胁边线、下摆线、口袋、领子、袖子）

9.烫衬
表过肩布、表领台、表领片、袖口布、袖开口布。

10.拷克机缝
上衣胁边、袖下线。

●缝制顺序提示

step6上领子◄
step5前后片过肩布车缝◄
step9袖子车缝◄
step3前片褶子车缝◄
step4前片门襟布车缝◄
step10开扣眼，缝纽扣◄
step7前后片胁边车缝◄

▶step2后片褶子、
过肩布车缝

▶step1拷克

▶ step8下摆车缝

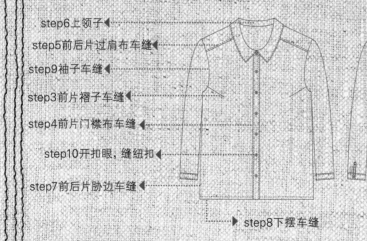

A 版型制作step by step

● 有领台衬衫款式尺寸

基本尺寸（cm）
中号（M）尺寸参考
衣长：WL下30cm
EL（肘长）：S/2+2.5
袖山高：13
S（袖长）：54

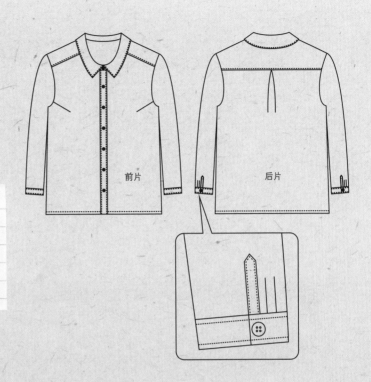

前片　后片

版型重点

1.前片全开襟

2.后片过肩剪接+箱褶

3.有领台衬衫领(尖领)

4.长袖+标准式袖开口

● 完整制图版型

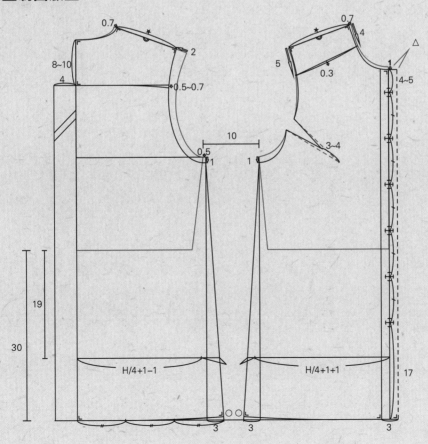

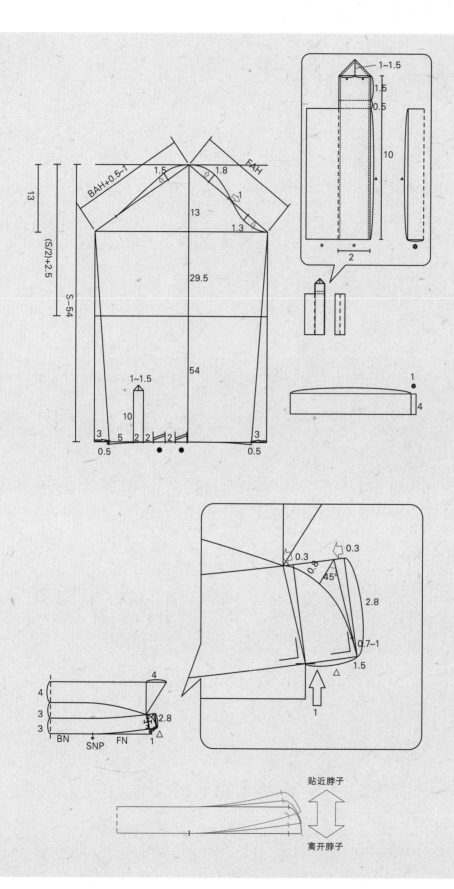

●版型制图步骤（前后身片）

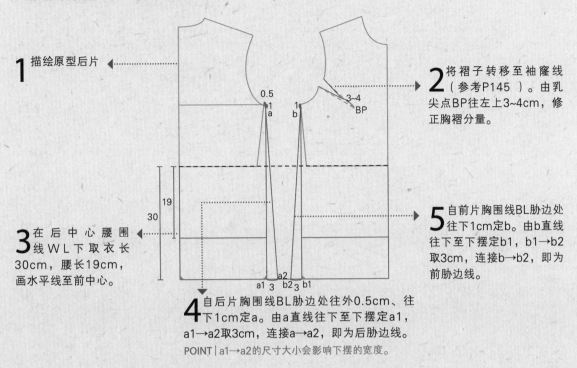

1 描绘原型后片

2 将褶子转移至袖窿线（参考P145）。由乳尖点BP往左上3~4cm，修正胸褶分量。

3 在后中心腰围线WL下取衣长30cm，腰长19cm，画水平线至前中心。

4 自后片胸围线BL胁边处往外0.5cm、往下1cm定a。由a直线往下至下摆定a1，a1→a2取3cm，连接a→a2，即为后胁边线。

POINT｜a1→a2的尺寸大小会影响下摆的宽度。

5 自前片胸围线BL胁边处往下1cm定b。由b直线往下至下摆定b1，b1→b2取3cm，连接b→b2，即为前胁边线。

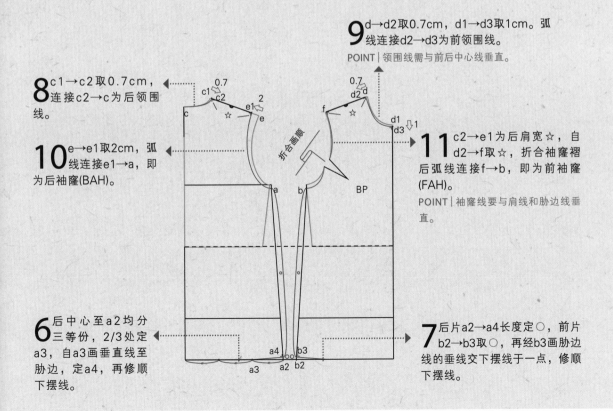

9 d→d2取0.7cm，d1→d3取1cm。弧线连接d2→d3为前领围线。

POINT｜领围线需与前后中心线垂直。

8 c1→c2取0.7cm，连接c2→c为后领围线。

10 e→e1取2cm，弧线连接e1→a，即为后袖窿(BAH)。

11 c2→e1为后肩宽☆，自d2→f取☆，折合袖窿褶后弧线连接f→b，即为前袖窿(FAH)。

POINT｜袖窿线要与肩线和胁边线垂直。

6 后中心至a2均分三等份，2/3处定a3，自a3画垂直线至胁边，定a4，再修顺下摆线。

7 后片a2→a4长度定○，前片b2→b3取○，再经b3画胁边线的垂线交下摆线于一点，修顺下摆线。

12 c1→g取8~10cm，垂直后中心画水平线至袖窿定g1。g1→g2取0.5~0.7cm，由g2画弧线至过肩布剪接线。

POINT｜因后背肩胛骨突出，故g1→g2取0.5~0.7cm，使背部产生立体感。

14 d2→h取4cm，f→h1取5cm，直线连接h→h1再均分为二等份，由均分点沿h→h1垂线往下0.3cm定h2，弧线连接h→h2→h1。

POINT｜h→h1直线为前过肩布完成线，h→h2→h1弧线为前片衣身的完成线。

13 g→g3取4cm，由g3画直线垂直于下摆线，再画箱褶倒向。

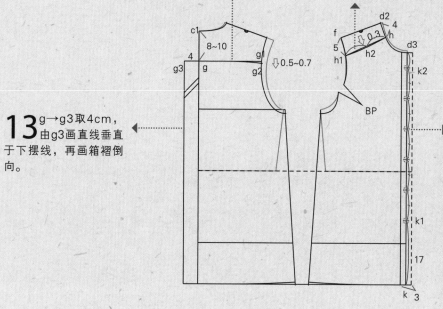

15 自k向左右取门襟装饰宽共3cm，由下往上画两条中心线的平行线至领围。K→k1取17cm（K1处钉最后一颗纽扣），d3→k2取4~5cm（K2处钉衣身第一颗纽扣），k1→k2均分五等份，中间有四颗纽扣。

POINT｜衣身共有6颗纽扣，加上领台上1颗，共7颗。

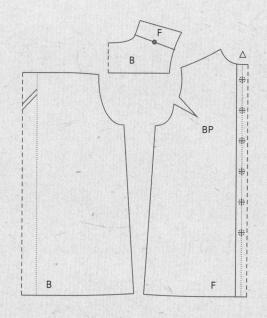

16 完成。

衣身完成后的尺寸
FAH（前袖窿）：20.5
BAH（后袖窿）：22.5
AH（总袖窿）：43

●版型制图步骤（袖片）

3 自a点往袖宽线取BAH+0.5~1＝23cm，定c点。由c点垂直往下画至袖口线，定c1。

POINT｜BAH+1，+1为后袖窿的缩份。

POINT｜袖山高越高，袖宽较窄，属合身袖型。反之，则属于宽松袖型。

2 自a点往袖宽线取FAH＝20.5cm，定b点。由b点垂直往下画至袖口线，定b1。

8 自r1往右2cm取第一道褶宽●，再往右2cm，取第二道褶宽●。

POINT｜褶宽＝袖口周长(◎)－袖口布长(○)/褶子数目。

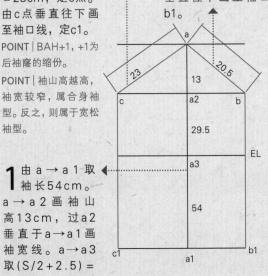

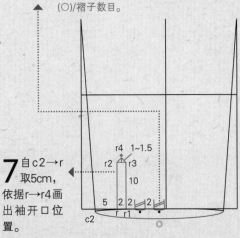

1 由a→a1取袖长54cm。a→a2画袖山高13cm，过a2垂直于a→a1画袖宽线。a→a3取（S/2＋2.5）＝29.5cm，画手肘线(EL)。

7 自c2→r取5cm，依据r→r4画出袖开口位置。

5 自a→d7取一等份○，c→d8取一等份○。d7垂直往外取1.5cm，定d9。弧线连接a→d9→d8，即为后袖窿。

4 将a→b均分为四等份，每等份为○，定d1、d2、d3。由d1垂直往外1.8cm，定d4。d2往线下1cm，定d5。d3垂直往内1.3cm，定d6。弧线连接a→d4→d5→d6→b，即为前袖窿。

6 c1→c2取3cm，b1→b2取3cm，直线连接c→c2、b→b2作为袖子胁边线，再垂直胁边线画袖口线。

9 袖口布长取26~28cm（手腕围＋松份2~4），再加重叠份1cm，袖口布宽为4cm。

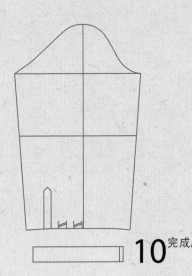

10 完成。

●版型制图步骤（领子）

1 自n→n1取8.5cm，n1→n2取12.5cm。n2往上1cm定n3，弧线连接n3→n1，再顺弧线往外取△定n4。

POINT｜△＝前片门襟宽/2，n2→n3高度越高，领型越贴近脖子。

2 自n4→n5、n3→n6均取2.8cm，n→n7取3cm，连接n5→n7。

POINT｜n4→n5为前领高，n→n7为后领高，n5→n7要与前后中心线垂直。

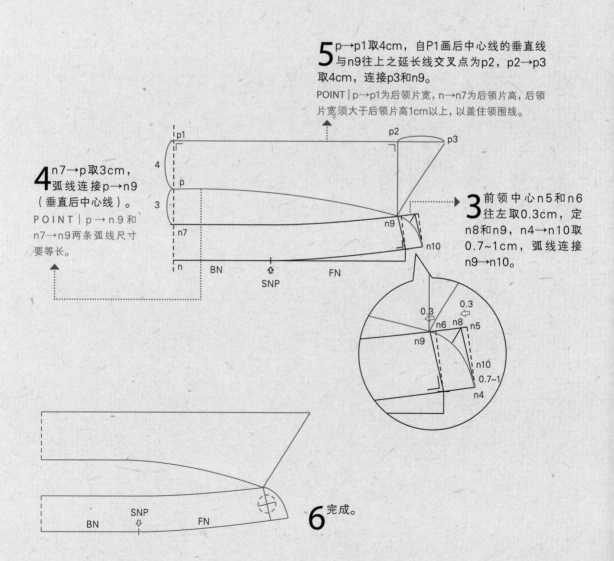

4 n7→p取3cm，弧线连接p→n9（垂直后中心线）。

POINT｜p→n9和n7→n9两条弧线尺寸要等长。

5 p→p1取4cm，自P1画后中心线的垂直线与n9往上之延长线交叉点为p2，p2→p3取4cm，连接p3和n9。

POINT｜p→p1为后领片宽，n→n7为后领片高，后领片宽须大于后领片高1cm以上，以盖住领围线。

3 前领中心n5和n6往左取0.3cm，定n8和n9，n4→n10取0.7~1cm，弧线连接n9→n10。

6 完成。

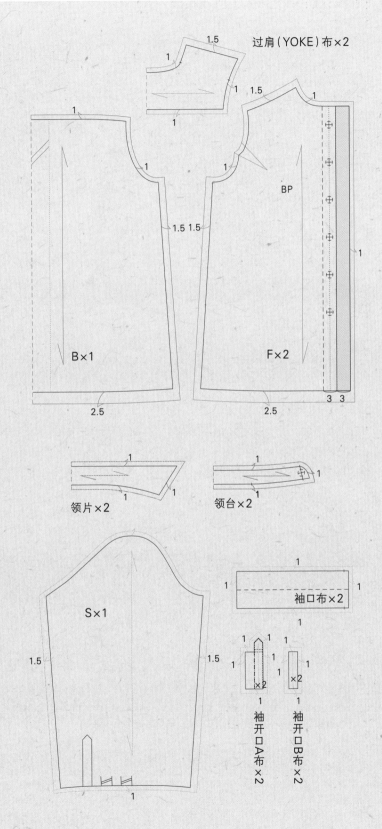

●裁片缝份说明

- ▨ 衬布份 　　▢ 实版
- ▢ 缝份版 　　-- 折双线
- ⊢ 直布纹线 　　✕ 斜布纹线

过肩（YOKE）布×2

1.5

1

1.5

1

1

1.5

1

1

BP

1.5 1.5

1

B×1

F×2

3　3

2.5

2.5

领片×2

领台×2

1

1

1

1

1

1

1

1

1

1

S×1

1.5

1.5

袖口布×2

1

1

1

1

1

1

1

1

×2

×2

袖开口A布×2

袖开口B布×2

ℬ 缝制 How to make

材料说明
单幅用布：（衣长+缝份）×2 +(袖长+缝份)
双幅用布：（衣长+缝份）+(袖长+缝份)
布衬约90cm
纽扣7颗

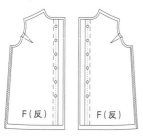

表过肩布（反）

里过肩布（反）

表领片

里领片

表领台

里领台

袖子1（反）　袖子2（反）

袖口布1（反）　袖开口布1（反）　袖口布2（反）　袖开口布2（反）

1 依图示部位拷克、贴衬。

2 车缝后片箱褶。

3 于完成线外0.2cm车缝固定。

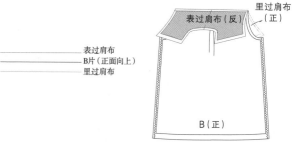

上 — 表过肩布
中 — B片（正面向上）
下 — 里过肩布

里过肩布（正）

表过肩布（反）

B（正）

4 如图，表、里过肩布正面相对夹住B片，车缝三片完成线。

表过肩布（正）　里过肩布（反）

0.1

B（正）

5 表、里过肩布向上翻烫，车缝0.1cm装饰线。

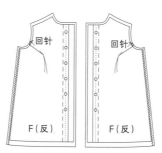

回针　　回针

F（反）　F（反）

6 折前片胸褶褶子中心，以丝针固定，车缝后留线15~20cm。

F（反）　F（反）

7 手缝针穿线，褶尖打结再缝制二三针（请参考P27），缝份倒向下面。

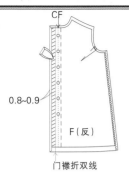

8 前片门襟折烫缝份0.8~0.9cm。

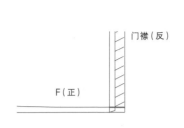

9 将门襟中心线反折，车缝下摆完成线，修剪转角处缝份再翻至正面。

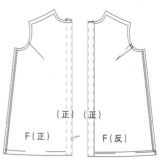

10 假缝固定门襟与下摆缝份，门襟正面再压缝0.1cm装饰线。

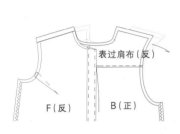

11 F片与B片表过肩布正面相对车缝完成线。

POINT | 里过肩布不车缝。

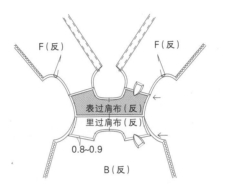

12 修剪缝份，缝份倒向过肩布整烫，里过肩布缝份折烫0.8~0.9cm。

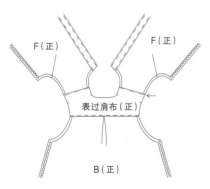

13 里过肩布盖住表过肩布缝份，先假缝固定，再从表过肩布正面压缝0.1cm装饰线。

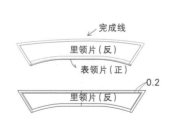

14 里领片缝份修0.2cm，表、里领片正面相对，车缝里领片完成线。

15 里领片推入0.1cm整烫。

16 在表领片正面车缝0.1cm装饰线。

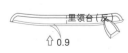

17 里领台缝份往上折烫0.9cm。

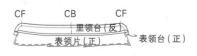

18 如图，表、里领台正面相对夹住领片（表领片上放里领台，里领片下放表领台），对合CF、CB，车缝完成线。

19 将领台翻到正面，整烫领片和领台。

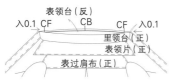

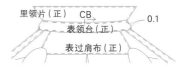

20 表领台与衣身正面相对，对合衣身领围CF、CB，车缝完成线。

POINT｜领台对合时在门襟完成线内0.1cm，此为领台立起时布料的厚度。

21 剪牙口至完成线外0.2cm，缝份修小。

22 假缝固定表、里领台，再从表领台后中心开始，车缝0.1cm装饰线。

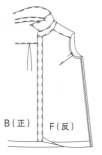

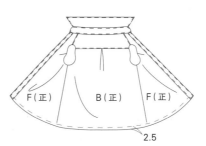

23 F片与B片正面相对，车缝左右胁边完成线至下摆，并将缝份烫开。

24 下摆缝份二折三层处理，假缝固定缝份，再从正面压缝2.5cm装饰线。

25 袖山缝份完成线外0.2、0.5cm处粗针车缝两道线。

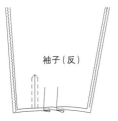

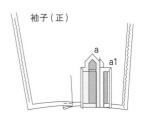

26 折烫褶子，车缝袖子褶子，于完成线外0.2cm车缝固定缝份。

27 袖开口制作。

28 整烫缝份。

29 将袖开口A布、B布和袖子正面相对，车缝至a、a1点（同等高度）。

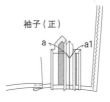

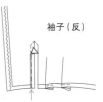

30 将袖开口A布和B布缝份烫开。

31 a→a1中心下1~1.5cm剪Y形。

32 将袖开口B布往后翻至袖子反面。

33 袖开口B布车缝0.1cm线固定缝份，三角布往上烫。

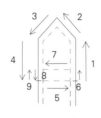

34 袖开口A布左右车缝0.1cm线至a1点固定缝份。

35 将袖开口A布放到袖开口B布上，在正面压缝装饰线。

36 车缝袖下胁边线后，套于烫马上将缝份烫开。

37 袖口布缝份折烫0.8cm，再折烫中心线。与袖子正面相对，对合袖开口，车缝完成线外0.1cm。

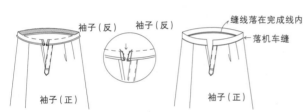

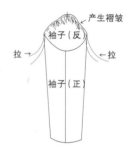

38 将袖口布反折，在袖口布开口位置左右两侧车缝I形，修剪转角处缝份后翻到正面。

39 先假缝固定缝份，再落机车缝固定。

40 最后正面压缝0.5cm装饰线。

41 袖山部分拉步骤25粗针车缝的两条底线，使袖山产生自然的褶皱，袖子更有立体感，再置于烫马圆弧上，整烫缝份。

POINT | 完成尺寸与衣身AH（总袖隆）尺寸相同。

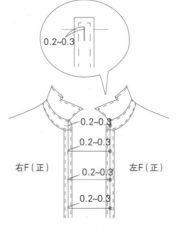

42 袖子与衣身正面相对，对合SP、SS记号，车缝完成线；接着再将两层缝份一起拷克，缝份倒向袖子。

43 开扣眼，缝纽扣。

POINT | 领台扣眼横开，其他竖着开。

POINT | 扣眼长为纽扣直径+纽扣厚度0.3~0.4cm。

44 完成。

NO.4

泡泡袖洋装

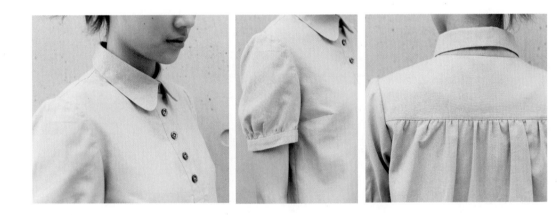

Preview

1.确认款式
泡泡袖洋装。

2.量身
备妇女原型版、衣长、袖长。

3.打版
前片、后片、领子、袖子、袖口布、前半开襟布。

4.补正纸型
前后肩线对合（修正领围和袖隆）、前后胁边对合
（修正袖隆和下摆）、袖子袖下线。

5.整布
使经纬纱垂直，整烫布面。

6.排版
布面折双后先排前后片，再排袖子、过肩布、领
子、门襟布和袖口布。

7.裁剪
前片2片、后片1片、后片过肩布2片、领台2片、领
片2片、袖子2片、袖口布2片、门襟布左右各1片。

8.做记号
在完成线上做记号或做线钉（领围线、肩线、袖隆
线、胁边线、下摆线、领子、袖子）。

9.烫衬
表过肩布、表领台、表领片、袖口布、门襟布。

10.拷克机缝
上衣胁边、袖下线。

● 缝制顺序提示

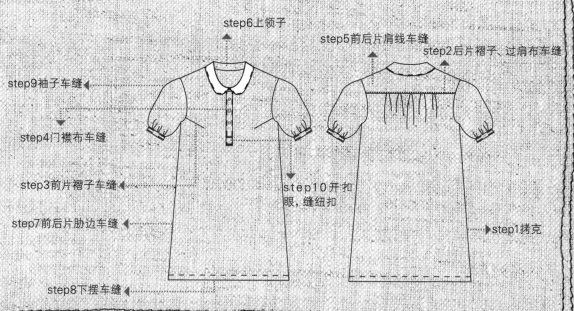

step6上领子

step5前后片肩线车缝

step2后片褶子、过肩布车缝

step9袖子车缝

step4门襟布车缝

step3前片褶子车缝

step10开扣眼，缝纽扣

step7前后片胁边车缝

step1拷克

step8下摆车缝

A 版型制作step by step

●泡泡袖洋装款式尺寸

基本尺寸（cm）
中号（M）尺寸参考
衣长：WL以下45cm（衬
衫版长加15cm）

版型重点
1.前片半开襟
2.后片过肩剪接+细褶
3.有领台衬衫领(圆领)
4.泡泡袖

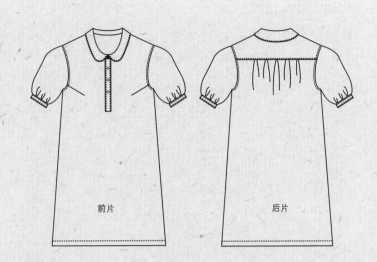

前片　　　　后片

●完整制图版型

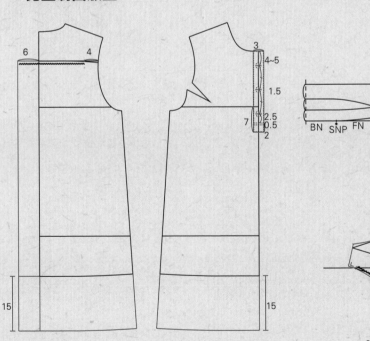

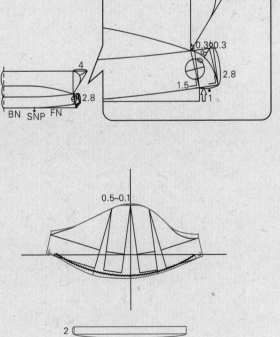

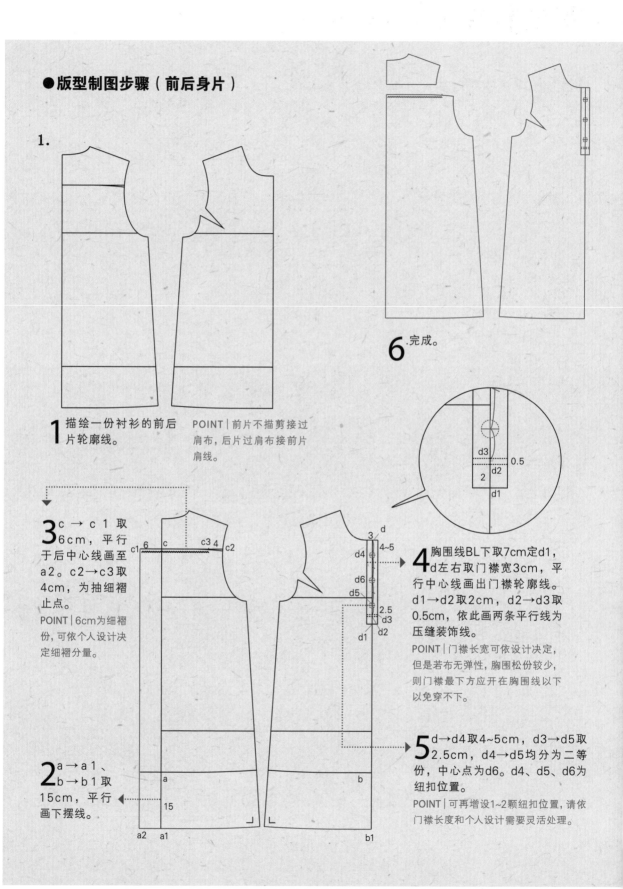

●版型制图步骤（前后身片）

1.

1 描绘一份衬衫的前后片轮廓线。

POINT｜前片不描剪接过肩布，后片过肩布接前片肩线。

6 完成。

3 c→c1取6cm，平行于后中心线画至a2。c2→c3取4cm，为抽细褶止点。

POINT｜6cm为细褶份，可依个人设计决定细褶分量。

c1 6 c　c3 4 c2

2 a→a1、b→b1取15cm，平行画下摆线。

a　　　b
15
a2 a1　　b1

3　d
4~5
d4
d6
d5
2.5
d3
d1 d2

d3　0.5
2
d2
d1

4 胸围线BL下取7cm定d1，d左右取门襟宽3cm，平行中心线画出门襟轮廓线。d1→d2取2cm，d2→d3取0.5cm，依此画两条平行线为压缝装饰线。

POINT｜门襟长宽可依设计决定，但是若布无弹性，胸围松份较少，则门襟最下方应开在胸围线以下以免穿不下。

5 d→d4取4~5cm，d3→d5取2.5cm，d4→d5均分为二等份，中心点为d6。d4、d5、d6为纽扣位置。

POINT｜可再增设1~2颗纽扣位置，请依门襟长度和个人设计需要灵活处理。

●版型制图步骤（袖片）

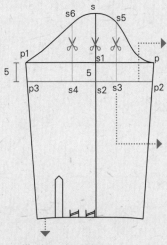

1 描绘一份衬衫袖（亦可只描至袖宽线下5cm）。

2 s1→s2取5cm，过s2画水平线。

POINT│s1→s2决定袖长。

3 自s2左右取5cm至s3和s4，再从s3、s4往上画袖中心线的平行线至袖窿处，得s5、s6。

POINT│三条平行线上标记剪开线及展开尺寸（s2展开5cm，s3和s4展开2.5cm）。

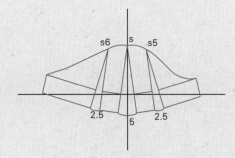

4 将袖子三条平行线剪开（s、s5、s6点不剪开），再依据s2→s4尺寸展开细褶份量。在白纸上画十字线，以s点为准，如图对齐白纸十字中心线，将版型贴上。

POINT│展开尺寸愈大，袖口细褶份量愈多。

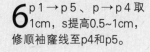

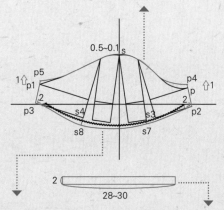

6 p1→p5、p→p4取1cm，s提高0.5~1cm，修顺袖窿线至p4和p5。

5 s3→s7取1cm，s4→s8取2cm，弧线连接p3→s8→s7→p2，即为袖口线。p2和p3往内2cm是袖口细褶止点。

POINT│袖口线须与袖下线垂直。

7 袖口布长为28~30cm，宽为2cm。

POINT│袖口布长=手臂围+松份2~4cm

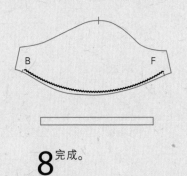

8 完成。

●版型制图步骤（领子）

1 描绘一份有领台衬衫领。

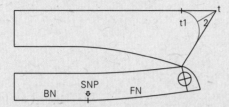

2 自 t→t1 取约 2cm，画圆弧角。

POINT | 圆领角度可依设计决定大小。

FN（前领围）−12.5	
BN（后领围）− 8.5	
前襟宽／2−●（1.5）	

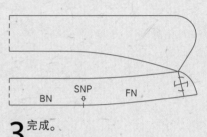

3 完成。

●裁片缝份说明

- ▨ 衬布份
- ▤ 实版
- □ 缝份版
- — 折双线
- ↕ 直布纹线
- ✕ 斜布纹线

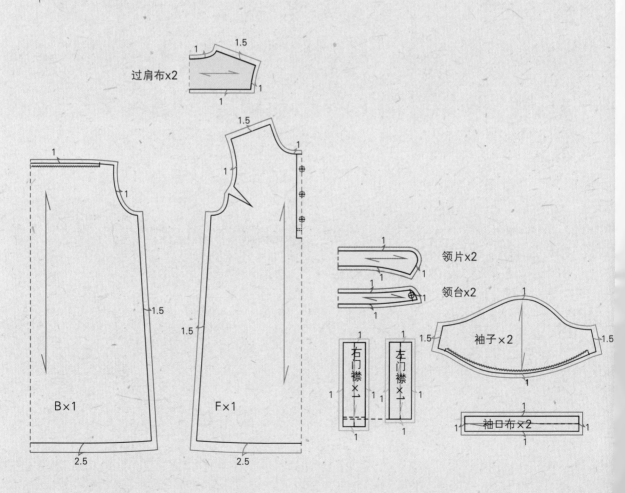

过肩布×2

B×1

F×1

领片×2

领台×2

袖子×2

右门襟×1

左门襟×1

袖口布×2

B缝制How to make

材料说明

单幅用布:(衣长+缝份)×2+(袖长+缝份)

双幅用布:(衣长+缝份)+(袖长+缝份)

布衬约90cm

纽扣3~5颗

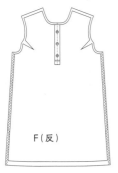

F(反)   B(反)

表过肩布(反)

里过肩布(反)

表领片

里领片

表领台

里领台

袖子1(反)   袖子2(反)

右门襟 左门襟 袖口布2(反)

1 依图示部位拷克、
贴衬。

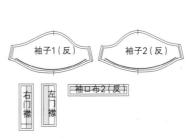

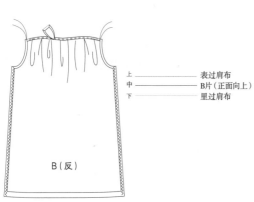

上 —— 表过肩布
中 —— B片(正面向上)
下 —— 里过肩布

B(反)

2 后片抽细褶,于完成线外0.2和
0.5cm处粗针车缝两道线,拉
两条底线抽皱至与过肩布同宽,再
烫缝份固定细褶。

POINT | 需均匀抽皱。左右4cm不抽皱。

车缝三片完成线

表过肩布(反)   里过肩布(正)

B(正)

3 如图,表、里过肩布正面相
对夹住B片,车缝三片完成
线。

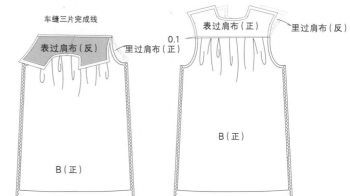

表过肩布(正)   里过肩布(反)

0.1

B(正)

4 表、里过肩布向上翻
烫,车缝0.1cm装饰线。

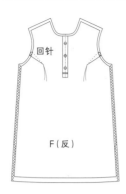

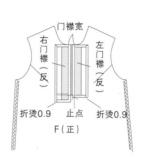

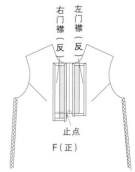

5 折前片胸褶褶子中心，以丝针固定，车缝后留线15~20cm。

6 手缝针穿线，褶尖打结再缝制二三针（请参考P27），缝份倒向下面。

7 前片左、右门襟布先折烫0.9cm，再对折烫缝份。车缝门襟宽至止点，缝份左右烫开。

8 止点往上1~1.5cm剪Y形。

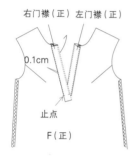

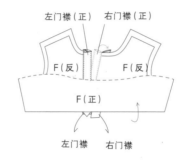

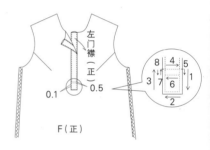

9 分别在左、右门襟正面压缝0.1cm装饰线固定缝份。

10 F片翻至反面，将下摆往上翻，压缝固定左门襟与三角布。

POINT｜不能车缝到右门襟。

11 F片再翻到正面，将右门襟盖住左门襟，在右门襟正面下方如图压缝装饰线。

POINT｜从右门襟正面不能看到左门襟及三角布的缝份。

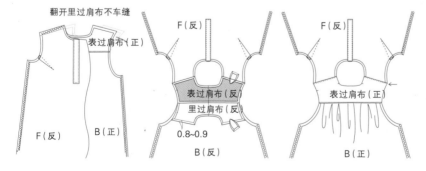

12 F片与B片表过肩布正面相对，车缝两边肩线完成线。

POINT｜里过肩布不车缝。

13 修剪缝份，缝份倒向过肩布整烫。里过肩布缝份折烫0.8~0.9cm。

14 里过肩布盖住表过肩布缝份，假缝固定，在表过肩布正面压缝0.1cm装饰线。

15 里领片缝份修0.2cm。

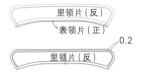

车缝里领片完成线

里领片（反）

表领片（正）　0.2

里领片（反）

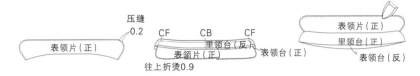

压缝

表领片（正）　0.2

CF　　CB　　CF

里领台（反）

表领片（正）　　表领台（正）

往上折烫0.9

表领片（正）

里领台（正）

表领台（反）

16 表、里领片正面相对，车缝里领片完成线，线落在表领片完成线外0.2cm。

17 里领片推入0.1cm整烫。在表领片正面车缝0.2cm装饰线。

18 里领台缝份往上折烫0.9cm。表、里领台正面相对夹住领片（表领片上放里领台，里领片下放表领台），上下对合CF、CB，车缝完成线。

19 将领台翻到正面，整烫领片和领台。

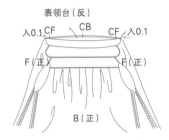

表领台（反）

入0.1　CF　　CB　　CF　入0.1

F（正）　　　　F（正）

B（正）

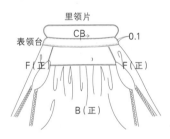

里领片

CB　　0.1

表领台

F（正）　　　　F（正）

B（正）

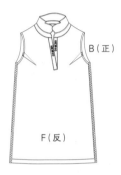

B（正）

F（反）

20 表领台与衣身正面相对，对合衣身领围CF、CB，车缝完成线，并剪牙口至完成线外0.2cm。

21 假缝固定表、里领台，再从表领台后中心开始，车缝0.1cm装饰线。

22 F片与B片正面相对，车缝左右胁边完成线至下摆，并将缝份烫开。

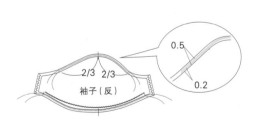

0.5

2/3　2/3

袖子（反）

0.2

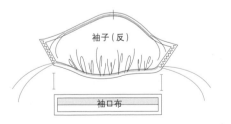

袖子（反）

袖口布

23 下摆缝份二折三层处理，假缝固定缝份，再从正面压缝2.5cm装饰线。

24 制作袖子（泡泡袖），在袖子布袖口完成线外0.2、0.5cm处粗针车缝两道线，袖山完成线外0.2、0.5cm处亦进行同样的操作。

25 拉袖口部位两条底线，袖口抽皱至与袖口布同宽，整烫缝份。

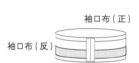

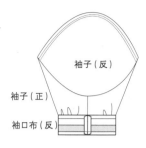

26 缝合袖下线，并套到烫马上，缝份烫开。

27 袖口布缝份折烫0.8cm，再折烫中心线，接着长度对折，正面相对车缝完成线，缝份烫开。

28 袖口布与袖子正面相对套入，车缝袖口完成线。

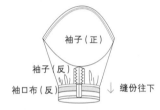

29 如图，把袖子翻回反面，缝份倒向袖口布。

30 依折烫中心线把袖口布往上折，再假缝固定，翻到正面，在袖口布上下车缝0.1cm装饰线。

31 拉袖山部位两条底线抽皱，使袖山产生自然的褶皱，袖子更有立体感，并置于烫马圆弧上，整烫缝份。

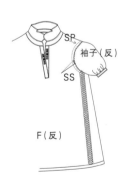

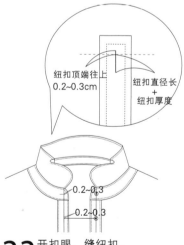

32 袖子与衣身正面相对，对合SP、SS记号，车缝完成线，接着再将两层缝份一起拷克，缝份倒向袖子。

33 开扣眼，缝纽扣。

34 完成。

图书在版编目（CIP）数据

服装制作基础事典 / 郑淑玲著. —郑州：河南科学技术出版社，2013.11
（2020.11重印）

ISBN 978-7-5349-6583-8

Ⅰ．①服… Ⅱ.①郑… Ⅲ.①服装－生产工艺 Ⅳ.①TS941.6

中国版本图书馆CIP数据核字(2013)第224511号

出版发行：河南科学技术出版社

　　　　　地址：郑州市郑东新区祥盛街27号　　　邮编：450016

　　　　　电话：（0371）65737028　　　65788613

　　　　　网址：www.hnstp.cn

策划编辑：李　洁

责任编辑：杨　莉

责任校对：张小玲

责任印制：张艳芳

印　　刷：河南瑞之光印刷股份有限公司

经　　销：全国新华书店

幅面尺寸：190 mm×260 mm　　印张：12　　字数：250千字

版　　次：2013年11月第1版　　2020年11月第7次印刷

定　　价：48.00元